Ulrich Thonemann | Klaus Behrenbeck
Andreas Brinkhoff | Jochen Großpietsch
Jörn Küpper | Ulf Merschmann

Der Weg zum Supply-Chain-Champion

W0194947

m-i

Ulrich Thonemann | Klaus Behrenbeck
Andreas Brinkhoff | Jochen Großpietsch
Jörn Küpper | Ulf Merschmann

Der Weg zum Supply-Chain-Champion

Harte Fakten zu weichen Themen

Bibliografische Information der Deutschen Nationalbibliothek

Die Deutsche Nationalbibliothek verzeichnet diese Publikation in der Deutschen Nationalbibliografie. Detaillierte bibliografische Daten sind im Internet über http://dnb.d-nb.de abrufbar.

ISBN 978-3-636-03114-3

© 2007 by mi-Fachverlag, Redline GmbH, Landsberg am Lech.
Ein Unternehmen von Süddeutscher Verlag | Mediengruppe.
www.mi-fachverlag.de

Lektorat: Michael Schickerling, Landsberg am Lech
Korrektur: Birgit Ansorge, Ulrike Bässler-Pietsch, Petra Fastermann, Lone Gerlach, Katja Henne, Sebastian Jucken, Kerstin Polchow, Kathrin Rieger, Jeanette Seifert
Umschlaggestaltung: Jarzina Kommunikations-Design, Köln
Satz: Jürgen Echter, Landsberg am Lech
Druck: Holzheisen, Wien
Printed in Austria

Inhalt

Einleitung

Die meisten Unternehmen haben inzwischen erkannt, dass eine gut funktionierende Lieferkette ein wichtiger Wettbewerbsfaktor ist. Sie investieren deshalb viel Zeit und Geld in die Optimierung ihrer Supply-Chain. Unternehmen, die diese Optimierung ernst nehmen, untersuchen dabei alle relevanten Prozesse – von der Beschaffung bis zur Distribution – und binden auch Kunden und Lieferanten ein. Mitunter sind hunderte von Personen an solch einem Veränderungsprogramm beteiligt. Diese Größenordnung zeigt, dass eine Transformation der Lieferkette eine komplexe Sache ist – die auch leicht fehlschlagen kann: Unsere Untersuchungen haben ergeben, dass mehr als die Hälfte aller Supply-Chain-Transformationen scheitern. Gelingt die Veränderung jedoch, lässt sich die Leistung der Lieferkette deutlich steigern.

So werden Sie Supply-Chain-Champion. Im Mittelpunkt dieses Buchs steht die Durchführung von Veränderungsprogrammen im Supply-Chain-Management. Wir zeigen Ihnen, wie Sie Ihre Supply-Chain-Optimierung erfolgreich umsetzen und damit die Leistung Ihrer Lieferkette dauerhaft erhöhen können. Die hier präsentierten Ansätze sind erprobt: Mit einer der umfassendsten Untersuchungen zu den Erfolgsfaktoren bei der Umsetzung von Supply-Chain-Optimierungen haben wir ermittelt, inwiefern sich das Vorgehen der Unternehmen, die ihre Supply-Chain-Leistung deutlich steigern konnten, von dem der weniger erfolgreichen Unternehmen unterscheidet (siehe Kasten »Gemeinsame Studie von der Universität zu Köln und McKinsey«). Wir wollten wissen, was genau die erste Gruppe anders und besser gemacht hat. Zusammen mit Handlungsanweisungen und Best-Practice-Beispielen – die wir Ihnen in diesem Buch ebenfalls vorstellen – sind diese Erfolgsfaktoren Ihr Kompass auf dem Weg zum Supply-Chain-Champion.

Höher – schneller – weiter. Diese drei Schlagworte beschreiben die Vorgehensweise der Unternehmen, die besonders hohe Leistungssteigerungen im Supply-Chain-Management erzielen konnten, am treffendsten. Wir bezeichnen diese Unternehmen als Transformations-Champions, die übrigen als Verfolger. Die Transformations-Champions wollen *hoch hinaus*: Sie sind unzufrieden mit ihrer momentanen Situation und sehen einen großen Verbesserungsbedarf, und zwar unabhängig von ihrer tatsächlichen aktuellen Supply-Chain-Leistung. Sie setzen sich ehrgeizige Ziele, die sie nur mit äußerster Anstrengung erreichen können. Nach einer kurzen, effizienten Diagnose halten sich die Transformations-Champions nicht unnötig lange mit der Planung auf, sondern gehen *schnell* an die Umsetzung erster Projekte. Dadurch können sie auch schnell erste Erfolge vorweisen. Die Transformations-Champions definieren den Projektansatz *weiter* als die Verfolger: Sie organisieren die Veränderungen in ganzheitlichen Verbesserungsprogrammen, die zentral vom Top-Management gesteuert werden. Aber nicht nur das Commitment des »Chefs« ist wichtig. Transformations-Champions versuchen stets, auch die Mitarbeiter einzubinden und sie von der Notwendigkeit der Veränderungen zu überzeugen.

Praxis pur. Wir stellen Ihnen die sechs Erfolgsfaktoren vor, mit denen Sie Ihre Supply-Chain-Leistung grundlegend steigern können. Zu jedem Erfolgsfaktor geben wir konkrete Handlungsanleitungen, erläutern Maßnahmen und Hilfsmittel, damit der Transfer in die Praxis gelingt. Anhand von Beispielen aus bekannten Unternehmen, zum Beispiel Gillette, tesa, 3M, PepsiCo oder Woolworth, zeigen wir, wo diese bei ihrer Optimierung angesetzt und welche Verbesserungen sie erreicht haben.

***

Unabhängig davon, ob Sie bereits viel Erfahrung mit der Optimierung Ihrer Supply-Chain haben oder gerade die ersten Schritte planen: Dieses Buch liefert Ihnen mit jeder Seite aktuelle und praxisnahe Erkenntnisse zu den Erfolgsfaktoren für Supply-Chain-Optimierungen – Erkenntnisse, die Sie in Ihrem Unternehmen sofort umsetzen können.

Interessiert Sie ein Themengebiet besonders, können und sollten Sie natürlich individuelle inhaltliche Schwerpunkte bei Ihrer Lektüre setzen. Um Ihnen die Orientierung dabei zu erleichtern, stellen wir zunächst die Kapitel kurz vor.

Kapitel 1 – Transformations-Champions: doppelt so gut wie der Durchschnitt. Zunächst erklären wir, wie Supply-Chain-Leistung überhaupt gemessen werden kann und zeigen, wie wir die Unternehmen ermittelt haben, die doppelt so hohe Leistungssteigerungen wie der Durchschnitt erreicht haben. Neben Vergleichszahlen zu den erzielten Verbesserungen stellen wir die sechs wichtigsten Erfolgsfaktoren vor, in deren Ausgestaltung sich die Transformations-Champions von den Verfolgern unterscheiden. Was sich hinter den Erfolgsfaktoren verbirgt und wie Sie sie für Ihr Unternehmen nutzen können, erfahren Sie in den Kapiteln 2 bis 7.

Kapitel 2 – Unzufriedenheit mit der Ausgangssituation: Handlungsbedarf wahrnehmen und vermitteln. Wie jede größere Veränderung benötigt auch eine Supply-Chain-Transformation einen Auslöser. Auslöser für die

Transformations-Champions ist grundsätzlich eine große Unzufriedenheit mit ihrer Supply-Chain-Leistung, und zwar unabhängig von der tatsächlichen Leistung. Entscheidend für eine nachhaltige Verbesserung ist also die subjektive Einschätzung, besser werden zu müssen – und dies auch zu wollen. Um die Belegschaft zu motivieren, an dem Verbesserungsprogramm mitzuwirken, wird den Mitarbeitern der Handlungsdruck mithilfe umfangreicher Kommunikationsmaßnahmen vermittelt.

Kapitel 3 – Schneller Start und schnelle Erfolge: Experimentieren erlaubt. Eine solide Projektplanung ist notwendig, sie sollte aber nicht zu lange dauern. Die Transformations-Champions verwenden deutlich weniger Zeit auf die Planungsphase als die Verfolger. Sie starten schnell in die Umsetzung: Handeln ist Trumpf. Wichtig ist hierfür, dass Potenziale und Handlungsfelder zuvor zuverlässig erkannt und abgesteckt wurden. Das schaffen die Transformations-Champions durch eine kurze, auf das Wesentliche konzentrierte Diagnosephase. Sie wählen dann für den Einstieg unkritische Projekte als Piloten aus, bei denen Mitarbeiter verstärkt eingebunden werden und mit neuen Ansätzen experimentieren können. Danach erweitern sie den Fokus des Programms und rollen es nach und nach aus, um die Projektorganisation nicht zu überfordern.

Kapitel 4 – Ganzheitliches Programm: Die Zentrale gibt den Takt vor. Die Frage, ob eine Supply-Chain-Transformation mit einem zentral geplanten Veränderungsprogramm angegangen wird oder durch dezentrale Initiativen in den Funktionalabteilungen, ist für die Transformations-Champions einfach zu beantworten: Sie haben sich überwiegend für eine holistische, zentral gesteuerte Transformation entschieden, um den gegenseitigen Abhängigkeiten in der Lieferkette Rechnung zu tragen. Dabei achten sie auf ein klar strukturiertes Programm und einen ausgeglichenen Mix von Projekten mit schnellen Erfolgen und solchen mit einer eher längeren »Einwirkzeit«. Damit sie den Überblick behalten, hilft der Einsatz eines zentralen Projektbüros.

Kapitel 5 – Klare Ziele und laufende Kontrolle: Wer nicht weiß, wohin er will, kommt auch nicht an. Das Zielniveau ist ein häufiger Streitpunkt bei Veränderungsprojekten. Hohe Ziele versprechen einen großen Leistungssprung, können die Mitarbeiter jedoch demotivieren. Niedrige Ziele dagegen erscheinen Mitarbeitern »gut schaffbar« und haben daher zunächst eine eher positive Wirkung auf die Belegschaft, allerdings kann ihr Ergebnisbeitrag hinter dem Erreichbaren zurückbleiben. Die Transformations-Champions haben eine eindeutige Antwort gefunden: Sie setzen auf sehr anspruchsvolle Ziele, begleitet von einer intensiven laufenden Erfolgskontrolle.

Kapitel 6 – Zentrale Führung: aber auch die Mitarbeiter einbinden. Die Schlüsselfigur für große Veränderungsprojekte ist der Vorstandsvorsitzende. Bei den Transformations-Champions treibt er das Programm voran. Er hat die Aufgabe, darauf zu achten, dass seine Vorstandskollegen mit ihm an einem Strang ziehen und das gesamte Top-Team auch als Team agiert. Zudem schaffen die Transformations-Champions, woran viele Veränderungsprojekte scheitern: Ihre Mitarbeiter unterstützen die Veränderung, weil sie intensiv in den Veränderungsprozess eingebunden sind.

Kapitel 7 – Institutionalisiertes Training: lernen für die Supply-Chain von morgen. Neue Ansätze, neue Prozesse oder neue Software sind nicht selbsterklärend. Die Transformations-Champions setzen daher auf institutionalisiertes Training und externe Experten, um ihre Mitarbeiter mit frischem Know-how zu versorgen. Das Best-Practice-Beispiel für eine institutionalisierte Schulung ist der Aufbau einer Supply-Chain-Akademie. Durch den Einsatz von individuellen Weiterbildungsplänen, fortschrittlichen Lehrmethoden und Change-Agenten ist eine optimale Verbreitung des Wissens gewährleistet.

Kapitel 8 – Wie Ihr Unternehmen den Weg zum Supply-Chain-Champion schafft: das Gesamtprogramm auf einen Blick. Sie haben viel gelesen und jetzt den Wunsch nach einem strukturierten Überblick? Hier ist er. Wir erläutern Zeitbedarf und Struktur von Transformationsprogrammen, schildern, wie Sie am effektivsten in Ihr Programm starten, die Ergebnisse kontrollieren und für weitere Verbesserungen sorgen. Und mit einer kleinen Selbstdiagnose machen wir Ihnen Lust auf den ersten Schritt.

***

Mit diesem Buch möchten wir Ihnen einen praxisnahen Leitfaden an die Hand geben, mit dem Sie Ihre Lieferkette Schritt für Schritt erfolgreich optimieren können. Der Weg zum Supply-Chain-Champion ist nicht leicht. Die von den Transformations-Champions erreichten Verbesserungen zeigen jedoch, dass er sich lohnt – denn am Ziel warten zufriedene Kunden und Mitarbeiter, niedrigere Kosten und ein Vorsprung gegenüber den Wettbewerbern.

Gemeinsame Studie von der Universität zu Köln und McKinsey

Supply-Chain-Optimierungen richtig umsetzen. Das Seminar für Supply Chain Management & Management Science der Universität zu Köln hat zusammen mit der Unternehmensberatung McKinsey & Company von März 2006 bis April 2007 in einer umfangreichen Studie Erfolgsfaktoren und Best Practices für die Umsetzung von Supply-Chain-Optimierungen untersucht. Die Ergebnisse haben wir im vorliegenden Buch zusammengefasst.

Repräsentative Untersuchung – circa 30 Prozent des Marktes abgedeckt. Mitte 2006 begannen wir damit, 102 Unternehmen der Konsumgüter- und Gebrauchs-warenindustrie sowie des Einzelhandels anzusprechen und ihnen die Teilnahme an der Studie anzubieten. Mehr als die Hälfte der Unternehmen sagte zu – eine im Vergleich zu anderen Untersuchungen sehr hohe Teilnahmequote. Insgesamt decken diese Hersteller und Händler circa 30 Prozent ihres Marktes in Deutschland ab, so dass wir mit unserer Datenbasis ein repräsentatives Bild der Supply-Chain-Optimierungen der vergangenen Jahre zeichnen können (siehe Abbildung 1).

Teilnehmer der Studie

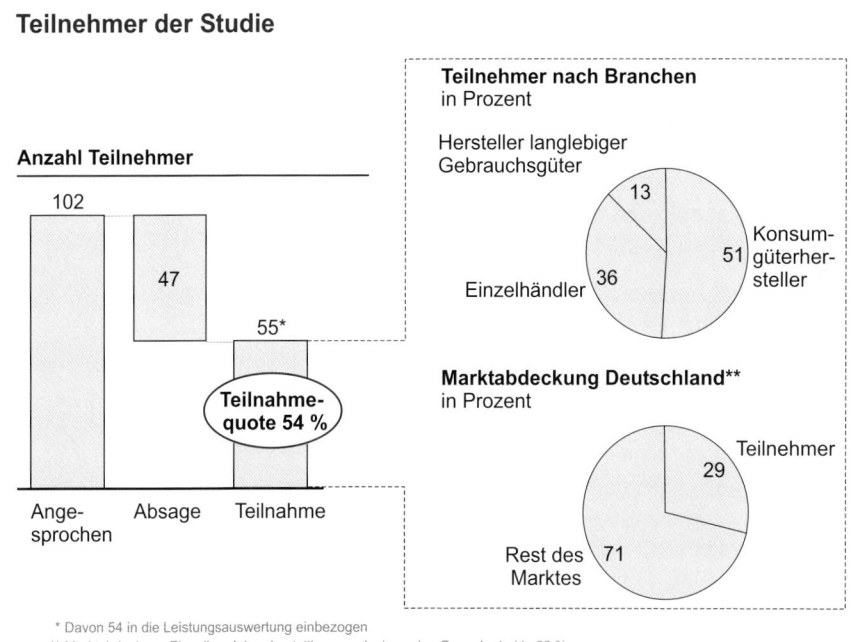

* Davon 54 in die Leistungsauswertung einbezogen
** Marktabdeckung Einzelhandel und anteiliges produzierendes Gewerbe bei je 29 %

Abbildung 1

Breites Spektrum. Im Mittelpunkt der Studie stand die Identifizierung von Erfolgs-faktoren für die Umsetzung von Veränderungen in der Lieferkette. Entscheidend dabei waren für uns nur die erzielten prozentualen Verbesserungen der Supply-Chain-Leistung, nicht deren absolute Höhe. Eine wichtige Erkenntnis: Die erreich-baren Veränderungen sind unabhängig vom Produktspektrum oder Handelsfor-mat. Daher haben wir im Interesse unserer Leser versucht, ein möglichst facetten-reiches Bild der Lieferketten in den jeweiligen Industrien zu zeichnen.

Das Produktspektrum der teilnehmenden Konsumgüterhersteller umfasst Nah-rungsmittel, Tabakwaren, Wasch- und Reinigungsmittel sowie Verpackungen, das der Hersteller langlebiger Gebrauchsgüter Haushalts- und Gartengeräte sowie Elektronik. Unter den Einzelhändlern waren klassische Supermärkte, Verbraucher-märkte, Discounter, Drogerien, aber auch Baumärkte.

Im Gespräch mit Supply-Chain-Experten. Unsere Gesprächspartner waren Supply-Chain-Manager auf unterschiedlichen Hierarchieebenen, die in ihrem Unternehmen jeweils für die Steuerung der Lieferkette verantwortlich waren. Rund 23 Prozent der Gesprächspartner waren Mitglieder des Vorstands mit Verantwortung für die Supply-Chain, 70 Prozent waren Leiter der Bereiche Supply-Chain-Management oder Logistik und 7 Prozent waren Abteilungsleiter in einem dieser Bereiche. Mit diesen Experten haben wir ausführliche Interviews geführt und ihre Vorgehensweise bei der Umsetzung der Supply-Chain-Aktivitäten der vergangenen Jahre intensiv diskutiert.

Supply-Chain-Aktivitäten von 2001 bis 2005 abgefragt. Gegenstand der Interviews und unserer Beobachtungen waren sämtliche Supply-Chain-Aktivitäten der Jahre 2001 bis 2005; diese haben wir mit einem umfangreichen Fragebogen erfasst. Der Schwerpunkt unserer Untersuchung war die Herangehensweise der Unternehmen bei der Umsetzung, also die Zielsetzung, die Vorgehensweise bei der Einbindung von Mitarbeitern sowie die Auswahl und Implementierung des ersten Projekts. Um die Verbesserungen genau bestimmen zu können, haben wir neben den Supply-Chain-Aktivitäten die Entwicklung der wesentlichen Leistungskennziffern für die Jahre 2001 und 2005 erfasst.

Supply-Chain-Transformation: die logische Fortsetzung

Das vorliegende Buch knüpft an die beiden Bände »Supply Chain Champions« (Thonemann et al. 2003) und »Supply Chain Excellence im Handel« (Thonemann et al. 2005) an. Zwingend notwendig ist deren vorherige Lektüre für das Verständnis dieses Bands jedoch nicht.

Beide Bücher gehen der Frage nach, welches die entscheidenden Themen für ein erfolgreiches Management der Supply-Chain sind. Gestützt auf empirische Untersuchungen in der Konsumgüterindustrie und im Handel werden aktuelle Themen wie Kooperation, Planung und flexible Produktion auf ihre Erfolgswirkung hin überprüft. Die Erkenntnis aus beiden Büchern ist, dass Unternehmen mit erfolgreichen Supply-Chains, die Champions, keine Kompromisse eingehen: Sie wägen nicht zwischen Kosten und Service ab, sondern bieten einen hervorragenden Service zu niedrigen Kosten.

Abbildung 2 verdeutlicht diesen Zusammenhang für Konsumgüterhersteller. Mithilfe statistischer Verfahren haben die Autoren diejenigen Faktoren identifiziert, die die Champions von den übrigen Unternehmen unterscheiden: Die erfolgreichen Unternehmen wählen die richtige Kooperationsstrategie, managen ihre Produktion effizient und bleiben dabei flexibel. Auch organisatorisch gehen sie andere Wege als die weniger erfolgreichen Unternehmen: Sie etablieren eine eigenständige Supply-Chain-Organisation und reduzieren die Komplexität ihrer Supply-Chain, indem sie Kundensegmente bedarfsgerecht bedienen. Best Practice sind bei ihnen auch die Supply-Chain-Planung und das Supply-Chain-Controlling: Sie minimieren Bedarfsschwankungen, bestimmen die richtigen Sicherheitsbestände und setzen leistungsstarke Kennzahlen ein.

Leistungsprofil von Champions und Verfolgern für die Konsumgüterindustrie (»Supply-Chain-Champions«)

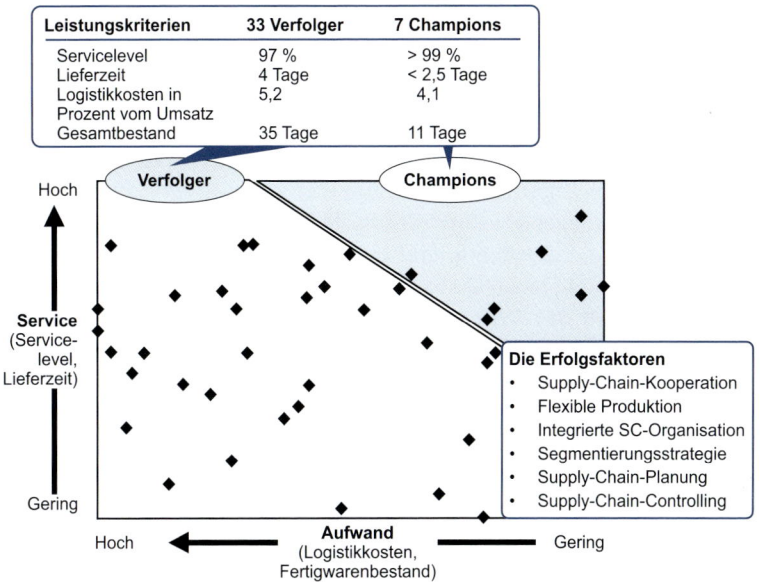

Leistungskriterien	33 Verfolger	7 Champions
Servicelevel	97 %	> 99 %
Lieferzeit	4 Tage	< 2,5 Tage
Logistikkosten in Prozent vom Umsatz	5,2	4,1
Gesamtbestand	35 Tage	11 Tage

Die Erfolgsfaktoren
- Supply-Chain-Kooperation
- Flexible Produktion
- Integrierte SC-Organisation
- Segmentierungsstrategie
- Supply-Chain-Planung
- Supply-Chain-Controlling

Abbildung 2

Leistungsprofil von Champions und Verfolgern für den Handel (»Supply-Chain-Excellence im Handel«)

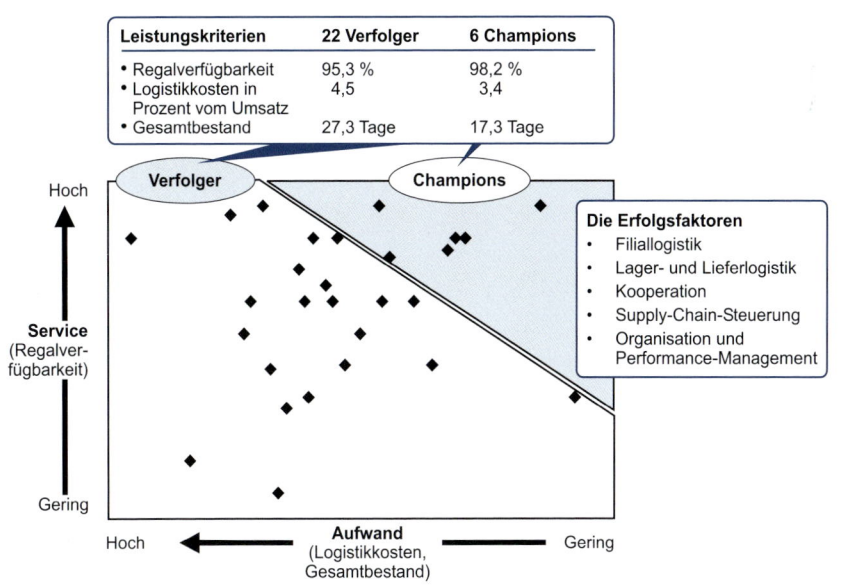

Leistungskriterien	22 Verfolger	6 Champions
• Regalverfügbarkeit	95,3 %	98,2 %
• Logistikkosten in Prozent vom Umsatz	4,5	3,4
• Gesamtbestand	27,3 Tage	17,3 Tage

Die Erfolgsfaktoren
- Filiallogistik
- Lager- und Lieferlogistik
- Kooperation
- Supply-Chain-Steuerung
- Organisation und Performance-Management

Abbildung 3

Bei ihrer Analyse der Champions unter den Handelsunternehmen haben die Autoren fünf Erfolgsfaktoren identifiziert, wie Abbildung 3 zeigt: Die Champions sind sich der Bedeutung effizienter Abläufe in den Filialen bewusst; ihnen ist es gelungen, eine flexible, zuverlässige und dennoch kostengünstige Lager- und Lieferlogistik aufzubauen. Sie kooperieren mit Herstellern – aber nicht prinzipiell, sondern nur, soweit es ihnen nützt. Mit einer professionellen Supply-Chain-Steuerung sorgen sie dafür, dass immer genug Waren zur richtigen Zeit am richtigen Ort sind und verankern die Verantwortung für die einzelnen Prozesse der Lieferkette fest im Unternehmen.

Wir stellen im vorliegenden Buch die Ansätze der Transformations-Champions vor – der Unternehmen, die sich erfolgreicher als andere vom Mittelmaß befreit haben. Im Vordergrund steht hier nicht das »Was«, das heißt die einzelnen Verbesserungsprojekte, sondern das »Wie«, das heißt das Vorgehen der Champions bei der Transformation, das sich auch auf andere Händler und Hersteller übertragen lässt.

Transformations-Champions: doppelt so gut wie der Durchschnitt

Viele Unternehmen arbeiten bereits intensiv an der Optimierung ihrer Lieferkette, und viele tun dies sehr erfolgreich: Sie haben ihre Supply-Chain-Leistung gesteigert – mit teilweise imposanten Ergebnissen. Gillette beispielsweise ist es gelungen, mit seiner Supply-Chain-Transformation die Warenverfügbarkeit von unter 90 Prozent auf 98 Prozent zu erhöhen und zugleich die Bestände um 25 Prozent zu senken (Duffy 2004). Eine Reihe weiterer Unternehmen hat ähnlich beeindruckende Leistungssteigerungen erzielt. Wir nennen diese Unternehmen im Folgenden »Transformations-Champions«.

In diesem Kapitel zeigen wir Ihnen, wie wir die Transformations-Champions aus den 55 befragten Konsumgüterherstellern, Herstellern langlebiger Gebrauchsgüter und Einzelhändlern herausgefiltert haben. Dazu erläutern wir zunächst, wie wir die Supply-Chain-Leistung messen. Anschließend stellen wir Ihnen ein Benchmarking vor, für das wir die Supply-Chain-Leistung der 55 Unternehmen im Jahr 2001 und dann erneut 2005 ermittelt haben. Das überraschende Ergebnis: Fast alle untersuchten Unternehmen konnten ihre Supply-Chain-Leistung in dieser Zeitspanne verbessern. Und was noch erstaunlicher war: Acht Unternehmen, die Transformations-Champions, haben doppelt so hohe Leistungssteigerungen erreicht wie der Durchschnitt der untersuchten Unternehmen. Was die Champions anders gemacht haben als die so genannten Verfolger, erläutern wir am Ende des Kapitels.

1.1 Wie misst man eigentlich die Supply-Chain-Leistung?

Unser Ziel zu Beginn der Untersuchung war, diejenigen Unternehmen zu identifizieren, die ihre Supply-Chain-Leistung besonders stark gesteigert haben. Dafür mussten wir zunächst die Leistung aller 55 Unternehmen ermitteln. Abstrakt kann eine leistungsstarke Supply-Chain noch recht einfach beschrieben werden: Sie zeichnet sich durch einen guten Service bei gleichzeitig geringen Kosten aus. Kosten und insbesondere Service anhand möglichst einfach zu erhebender Kennzahlen zu messen, ist dagegen wesentlich komplexer. Wir stellen unsere Methodik im Folgenden vor.

Der Servicelevel als Qualitätsmaßstab. Guter Service bedeutet, die Kundenbedürfnisse optimal zu erfüllen. Für Händler heißt das, die richtigen Waren in ausreichender Menge am richtigen Ort beziehungsweise im richtigen Regal für die Kunden bereitzustellen. Um den Servicelevel im Handel zu messen, nutzen wir die Regalverfügbarkeit, auch On-Shelf Availability[G]* (OSA) genannt. Diese Kennzahl misst den Anteil der regulär gelisteten Artikel, die im Regal des Händlers tatsächlich verfügbar

---

* Zu allen mit G gekennzeichneten Begriffen finden Sie Erläuterungen im Glossar.

sind, in Prozent aller gelisteten Artikel. In der Industrie haben wir den Servicelevel anhand der häufig genutzten Kennzahl On Time In Full[G] (OTIF) ermittelt. Diese Kennzahl gibt den Anteil der nach Menge, Zeit und Qualität korrekt erfüllten Auftragspositionen in Prozent aller Auftragspositionen an. Beide Kennzahlen decken nicht nur die wichtigsten Aspekte des Service ab, sondern werden auch von den meisten befragten Unternehmen regelmäßig erhoben. Darüber hinaus gibt es eine Reihe weiterer wichtiger Kennzahlen: in der Industrie zum Beispiel die Lieferzeit oder die »gefühlte« Zufriedenheit des Handelspartners, im Handel zum Beispiel die Wartezeit an den Kassen. Die Interviewpartner stuften diese weiteren Servicedimensionen jedoch entweder als wenig relevant ein, etwa im Fall der Lieferzeit, oder erhoben sie nicht einheitlich, wie bei der Wartezeit an den Kassen. Wir haben uns daher bei unseren Berechnungen auf die Ermittlung des Servicelevels anhand der beiden oben genannten Kennzahlen konzentriert.

Logistikkosten und Bestandsreichweite als Ressourceneinsatz. Um die Kosten zu messen, haben wir uns auf die zwei wichtigsten Blöcke konzentriert: die Logistik- und die Bestandskosten. Beide zusammen decken den wesentlichen Teil der Supply-Chain-Kosten der befragten Unternehmen ab und wurden von ihnen auch regelmäßig ermittelt.

- Die *Logistikkosten* umfassen den Aufwand für Lagerung, Transport, Abschriften und zentrale Supply-Chain-Steuerung, gemessen in Prozent vom Nettoumsatz.
- Die *Bestandskosten* entsprechen der durchschnittlichen Reichweite des Fertigwarenbestands in der Supply-Chain in Kalendertagen.

Bei den Herstellern haben wir die Material- und Produktionskosten aufgrund der mangelhaften Vergleichbarkeit nicht berücksichtigt. Bei den Einzelhändlern wurden die Logistikkosten nur für den Teil der Ware erhoben, der über Zentrallager abgewickelt wird. Ebenfalls nicht berücksichtigt haben wir die Kosten der Streckenbelieferung, da sie als Teil der Einkaufskonditionen meist nicht separat ausweisbar sind. Auch die Kosten der Filiallogistik sind außen vor geblieben, da diese von fast keinem Händler ermittelt werden.

Supply-Chain-Leistung = Servicelevel + Logistikkosten + Bestandsreichweite. Um die Supply-Chain-Leistung messen und vergleichen zu können, müssen wir die drei Kennzahlen Servicelevel, Logistikkosten und Bestandsreichweite zu einer Größe aggregieren. Dazu bewerten wir jede Leistungsdimension monetär, das heißt, wir rechnen sie um in Kosten, ausgedrückt in Prozent vom Umsatz (siehe Abbildung 4). Da die Logistikkosten schon in Prozent des Umsatzes vorliegen (siehe erster Aufzählungspunkt oben), gehen sie eins zu eins in die Supply-Chain-Leistung ein. Um die Bestandskosten zu errechnen, haben wir die Reichweite mit dem täglichen Wareneinsatz multipliziert; daraus ergibt sich der Bestandswert. Den Bestandswert haben wir anschließend in Prozent vom Umsatz ausgedrückt und mit dem Kapitalkostensatz gewichtet. Als Kapitalkostensatz nutzen wir einheitlich 8 Prozent, um Verzerrungen durch unterschiedliche Zinssätze zu vermeiden. Die Höhe des Kapitalkostensatzes entspricht dem langfristigen Durchschnitt der betrachteten Industrien.

Den Servicelevel nach Kosten zu bewerten, ist nicht ganz so einfach. Für einen Händler muss berechnet werden, was es ihn kostet, wenn ein Kunde die Ware, die er kaufen möchte, nicht im Regal vorfindet. Für Hersteller gilt es herauszufinden, was es ihn kostet, wenn die Bestellung beim Händler nicht pünktlich eintrifft. Im Kasten »Wie teuer sind eigentlich Fehlmengen?« erläutern wir, wie diese »Kosten der Nichtverfügbarkeit« geschätzt werden können. Als Faustregel lassen sich Kosten in Höhe von 50 Prozent der Regallücken oder der Fehlmengen ansetzen – also des Anteils an Waren, der nicht im Regal liegt beziehungsweise nicht ordnungsgemäß geliefert wurde.

Berechnung der Supply-Chain-Kosten

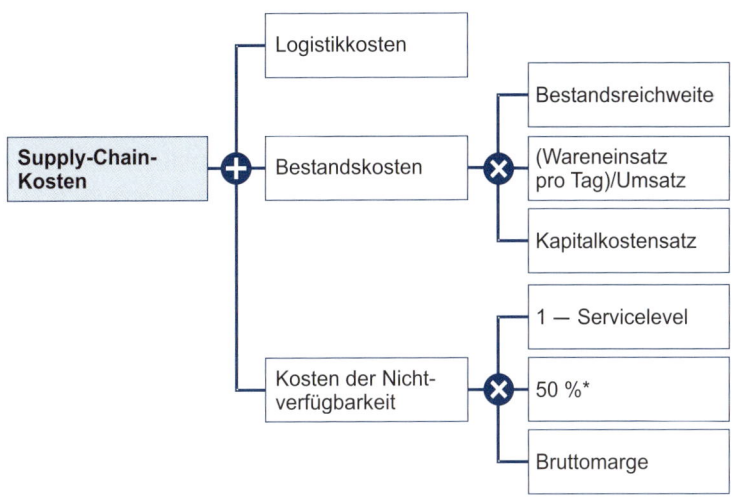

* Durch entgangenen Umsatz

Abbildung 4

Wie teuer sind eigentlich Fehlmengen?

Die Kosten von Fehlmengen im Handel bestimmt der Endverbraucher: Er entscheidet, ob er ein Produkt, das er im Regal nicht vorfindet, später kauft, ob er seiner bisherigen Marke untreu wird, das gewünschte Produkt in einem anderen Laden oder eventuell überhaupt nicht mehr kauft. Daher ist eine genaue monetäre Bewertung von Fehlmengen nicht möglich, wohl aber eine grobe Schätzung, und zwar sowohl für Hersteller als auch für Händler.

Verlorener Umsatz für Händler. Was machen Konsumenten, wenn sie beim Einkauf die gewünschte Ware nicht finden? Eine Untersuchung bei 71.000 Konsumenten in 29 Ländern hat gezeigt, dass 40 Prozent auf einen Einkauf verzichten oder das Produkt in einem anderen Geschäft kaufen (Corsten/Gruen 2004). In diesen Fällen ist der Umsatz für die Filiale verloren. Weitere 15 Prozent der Kunden verschieben den Einkauf, verbunden mit meist hohem Verlustrisiko. Die restlichen 45 Prozent der Konsumenten substituieren das nicht verfügbare Produkt durch ein anderes Produkt der gleichen Marke oder ein Produkt einer anderen Marke. In der Regel greifen die Kunden bei einer Substitution zu einem günstigeren Produkt. Insgesamt gehen dem Händler dadurch circa 50 Prozent des Umsatzes verloren, 40 Prozent direkt und weitere 10 Prozent durch die Produktsubstitution und später nicht mehr nachgeholte Käufe. Nicht mit eingeflossen in unsere Betrachtung ist, dass die Kundenzufriedenheit erheblich leidet, wenn wiederholt Produkte im Regal fehlen. Im schlimmsten Fall führt dies zum kompletten Verlust von Kunden. Für die Quantifizierung der mit Regallücken verbundenen Kosten bedeutet das: Zunächst muss der Anteil der Fehlmengen aus dem Servicelevel berechnet werden (1 – Servicelevel). Wie gezeigt führen 50 Prozent der Fehlmengen zu entgangenem Umsatz (50 Prozent $\times$ (1 – Servicelevel)). Der entgangene Umsatz ist abschließend mit der Bruttomarge zu multiplizieren. Das Ergebnis sind die Kosten der Fehlmengen (Bruttomarge $\times$ 50 Prozent $\times$ (1 – Servicelevel)).

Strafzahlungen für Hersteller. Für Konsumgüterhersteller und Hersteller langlebiger Gebrauchsgüter ist die Berechnung komplexer: Nicht erfüllte Bestellungen der Hersteller können durch entsprechende Bestände bei Einzelhändlern gepuffert werden. Die Kosten der Fehlmengen sind somit nicht direkt berechenbar. In unseren Interviews haben wir jedoch erfahren, dass einige Händler von ihren Lieferanten Strafzahlungen für nicht oder nur verspätet gelieferte Waren verlangen. Die Höhe der Strafzahlung orientiert sich entweder an den zusätzlich entstandenen Kosten oder sie wird pauschal festgelegt. Beispielsweise könnte für jede unvollständige Lieferung 50 Prozent der entgangenen Bruttomarge als Strafe angesetzt werden. Zum Teil ist es üblich, einen Ziel-Servicelevel zu vereinbaren, so dass Strafzahlungen erst bei Unterschreitung des vereinbarten Grenzwerts fällig werden. Wir haben pauschale Strafzahlungen in Höhe von 50 Prozent der Bruttomarge für nicht verfügbare Produkte angesetzt; das entspricht einem Prozesskostensatz von circa 60 Euro pro fehlerhafte Bestellposition. Die Höhe des Prozesskostensatzes haben unsere Interviewpartner als realistisch eingeschätzt. Die Fehlmengen werden nun analog zu denen der Händler berechnet: Zunächst ermitteln wir aus dem Servicelevel den Anteil der Fehlmengen (1 – Servicelevel). Diese multiplizieren wir mit 50 Prozent der Bruttomarge (Bruttomarge $\times$ 50 Prozent $\times$ (1 – Servicelevel)).

1.2 Benchmarking der Transformationsleistung: Wer verbessert sich am meisten?

Zweistellige Kostensenkungen. Einen ersten Eindruck davon, wie stark die befragten Unternehmen ihre Supply-Chain-Leistung verbessern konnten, liefert Abbildung 5. Die Abbildung vergleicht die Supply-Chain-Kosten der Jahre 2001 und 2005 in den drei untersuchten Branchen. Sie zeigt, dass Unternehmen aller drei Branchen ihre Supply-Chain-Kosten erheblich senken konnten, im Durchschnitt um 18 Prozent – das entspricht einer jährlichen Rate von nahezu 5 Prozent. Die Konsumgüterhersteller senkten ihre Kosten um 20 Prozent, die Hersteller langlebiger Gebrauchsgüter um 16 Prozent und die Einzelhändler um 15 Prozent.

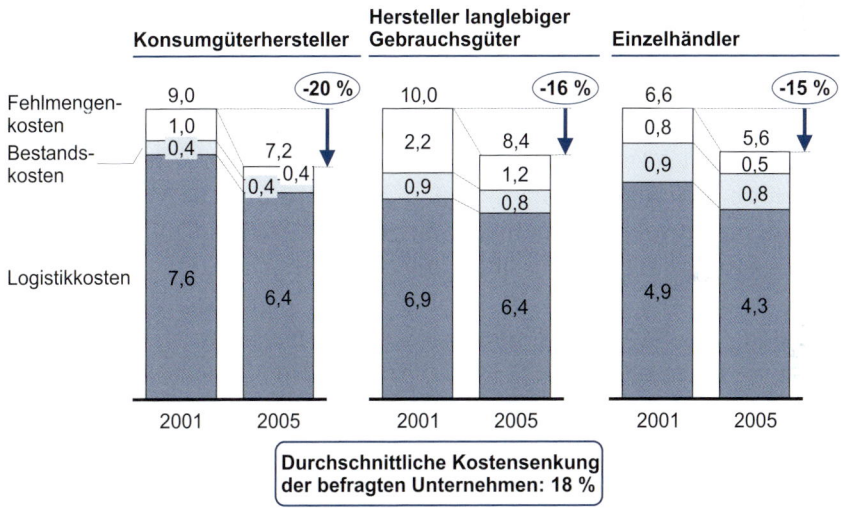

Benchmark der Supply-Chain-Leistung
Supply-Chain-Kosten in Prozent vom Umsatz

Abbildung 5

Supply-Chain-Manager sparen Milliarden. Die Höhe der erzielten jährlichen Einsparungen wird besonders anschaulich, wenn wir sie in absoluten Beträgen ausdrücken: Alle von uns befragten 55 Unternehmen zusammen haben im untersuchten Zeitraum – Jahr für Jahr – 500 Millionen Euro eingespart. Hochgerechnet auf die drei Branchen und den deutschen Markt entspricht das einer jährlichen Einsparung von 1,8 Milliarden Euro. Und wenn wir davon ausgehen, dass auch die Hersteller und Händler anderer Branchen ähnliche Leistungssteigerungen erzielen konnten, dann summieren sich die jährlichen Einsparungen in der EU25[G] auf neun Milliarden Euro. Die Supply-Chain-Manager haben also beachtliche Erfolge erzielt – insbesondere, wenn man bedenkt, mit welchen Widrigkeiten sie in den vergangenen Jahren zu kämpfen hatten: Der Dieselpreis stieg von 2001 bis 2005 um 30 Prozent, von 82,2 Cent auf 106,7 Cent pro Liter, und die 2005 in Deutschland eingeführte Lkw-Maut verteuerte Autobahnfahrten durchschnittlich um weitere 12,4 Cent pro Kilometer (Mineralölwirtschaftsverband 2005, Rommerskirchen et al. 2002).

1.3   Das schaffen nur die Transformations-Champions

Relative Verbesserung gemessen. Man könnte vermuten, dass diejenigen Unternehmen, die schon 2001 eine gute Supply-Chain-Leistung vorzuweisen hatten, eine geringere Verbesserungsrate erreicht haben als die Unternehmen, die 2001 eine relativ schlechte Supply-Chain-Leistung erzielten. Denn, so könnte das Argument lauten, Unternehmen auf geringem Leistungsniveau können noch mit einfachen Mitteln und geringem Aufwand hohe Verbesserungen erzielen. Unternehmen auf einem hohen Leistungsniveau hingegen müssen deutlich größere Anstrengungen unternehmen, um ihre Leistung weiter zu steigern. Dass diese Vermutung falsch ist, zeigt Abbildung 6: Hier ist deutlich zu erkennen, dass Unternehmen mit hohen Supply-Chain-Kosten 2001 ähnlich hohe Verbesserungen erreicht haben wie Unternehmen mit geringen Supply-Chain-Kosten. Die Verbesserung haben wir relativ zum Ausgangsjahr 2001 gemessen, das heißt, sie entspricht der Differenz zwischen den Supply-Chain-Kosten 2005 und 2001 im Verhältnis zu den Supply-Chain-Kosten 2001. Dadurch haben wir berücksichtigt, dass Unternehmen auf einem hohen Leistungsniveau eine Verbesserung um zum Beispiel 10 Prozent schwerer erreichen können als ein Unternehmen auf einem niedrigen Leistungsniveau (siehe dazu auch Kasten »Vergleichbarkeit der erhobenen Daten« am Ende dieses Kapitels).

Wer sind die Transformations-Champions? Einige der untersuchten Unternehmen haben ihre Supply-Chain-Leistung besonders stark verbessert – das sind die Transformations-Champions. Die Hürde für ein Unternehmen, Transformations-Champion zu werden, haben wir hoch gelegt: Nur wer Verbesserungen erzielt hat, die doppelt so hoch sind wie die Verbesserungen des Branchendurchschnitts, erhält dieses »Qualitätssiegel«. Von den untersuchten 55 Unternehmen haben acht die Hürde genommen: vier Konsumgüterhersteller, zwei Hersteller langlebiger Gebrauchsgüter und zwei Händler. Die übrigen Unternehmen bezeichnen wir als »Verfolger«.

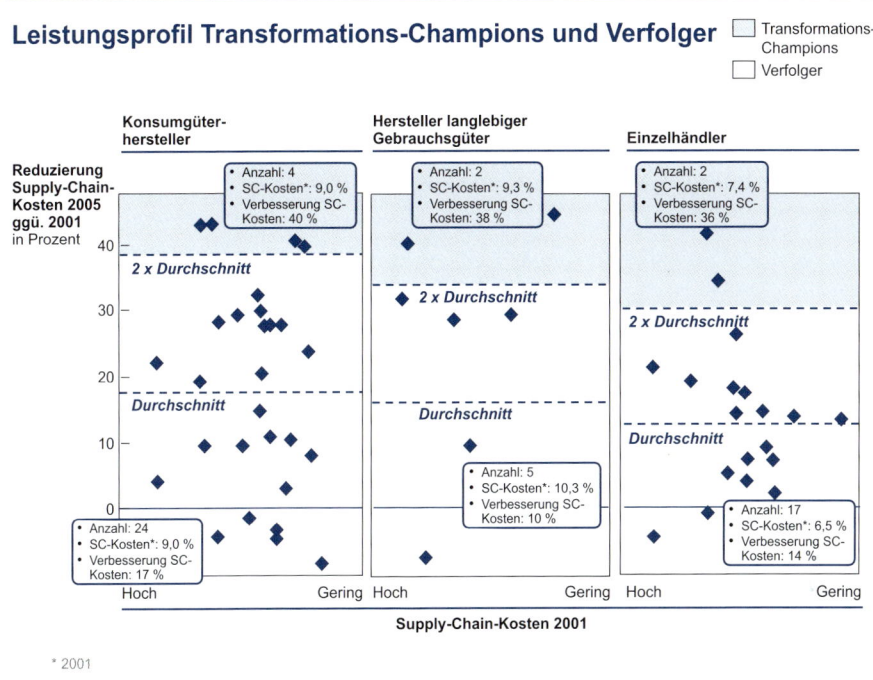

Leistungsprofil Transformations-Champions und Verfolger

☐ Transformations-Champions
☐ Verfolger

Konsumgüterhersteller

Hersteller langlebiger Gebrauchsgüter

Einzelhändler

Reduzierung Supply-Chain-Kosten 2005 ggü. 2001 in Prozent

* Anzahl: 4
* SC-Kosten*: 9,0 %
* Verbesserung SC-Kosten: 40 %

* Anzahl: 2
* SC-Kosten*: 9,3 %
* Verbesserung SC-Kosten: 38 %

* Anzahl: 2
* SC-Kosten*: 7,4 %
* Verbesserung SC-Kosten: 36 %

2 x Durchschnitt

2 x Durchschnitt

2 x Durchschnitt

Durchschnitt

Durchschnitt

Durchschnitt

* Anzahl: 24
* SC-Kosten*: 9,0 %
* Verbesserung SC-Kosten: 17 %

* Anzahl: 5
* SC-Kosten*: 10,3 %
* Verbesserung SC-Kosten: 10 %

* Anzahl: 17
* SC-Kosten*: 6,5 %
* Verbesserung SC-Kosten: 14 %

Hoch   Gering Hoch   Gering Hoch   Gering

Supply-Chain-Kosten 2001

* 2001

Abbildung 6

In den folgenden Kapiteln dieses Buchs beschreiben wir, wie es die Transformations-Champions geschafft haben, diese hohen Verbesserungen zu erzielen. Die Namen der Champions nennen wir allerdings mit Rücksicht auf unsere Interviewpartner nicht. Sie haben uns viele vertrauliche Daten und Informationen gegeben und uns deshalb gebeten, die individuelle Supply-Chain-Leistung anonym auszuweisen. In Abbildung 7 finden Sie jedoch einige Informationen zu den Champions, die Ihnen die Unternehmen ein wenig näherbringen.

Es ist interessant, dass in der Gruppe der Champions Unternehmen aller Größenordnungen vertreten sind – kleine Mittelständler mit 150 Millionen Euro Umsatz ebenso wie der internationale Konzern mit einem Umsatz von über 17 Milliarden Euro. Einige der Champions sind börsennotiert, andere in privater Hand. Das Spektrum der Hersteller reicht vom bekannten Markenhersteller bis zum Produzenten von Handelsmarken. Die Händler decken hochwertige ebenso wie günstige Ware ab.

Beschreibung der Transformations-Champions

	Beschreibung der Champions
Konsumgüter-hersteller	• Europäischer Hersteller von Babynahrung und Nahrungs-ergänzungsmitteln • Weltweit führender Süßwarenhersteller • Mittelständischer Produzent von Wasch- und Reinigungs-mitteln • International tätiger Tabakkonzern
Hersteller langlebiger Gebrauchsgüter	• Internationaler Hersteller hochwertiger Haushaltsgeräte • Weltweit führender Hersteller hochwertiger Armaturen
Einzelhändler	• International tätige Drogeriekette • Europaweit führender Warenhauskonzern

Abbildung 7

1.4 Was die Transformations-Champions von den Verfolgern unterscheidet

Wir wollten herausfinden, warum sich die Transformations-Champions so viel stärker verbessern konnten als die Verfolger. Dabei hat uns hauptsächlich interessiert, was die Transformations-Champions anders gemacht haben als die Verfolger.

Auf der Suche nach dem kleinen Unterschied. Dass es bei allen Projekten, also auch bei Optimierungsprojekten, wichtig ist, einen im Projektmanagement erfahrenen Projektleiter einzusetzen, hat sich bereits herumgesprochen, bei den Champions wie bei den Verfolgern. Der Einsatz eines im Projektmanagement erfahrenen Projektleiters ist also ein wichtiger Erfolgsfaktor, aber es ist kein Faktor, der die Champions von den Verfolgern unterscheidet. Abbildung 8 zeigt die Faktoren, die bei Transformationsprojekten zwar wichtige, aber keine differenzierenden Faktoren sind.

Die Erfolgsfaktoren der Transformations-Champions. Um die wichtigsten differenzierenden Faktoren herauszufinden, haben wir ein statistisches Verfahren angewandt. Im Kasten »So haben wir die Erfolgsfaktoren identifiziert« erläutern wir dieses Verfahren kurz. Das Ergebnis ist in Abbildung 9 dargestellt. Demnach sind die Champions durch die folgenden sechs Erfolgsfaktoren charakterisiert:

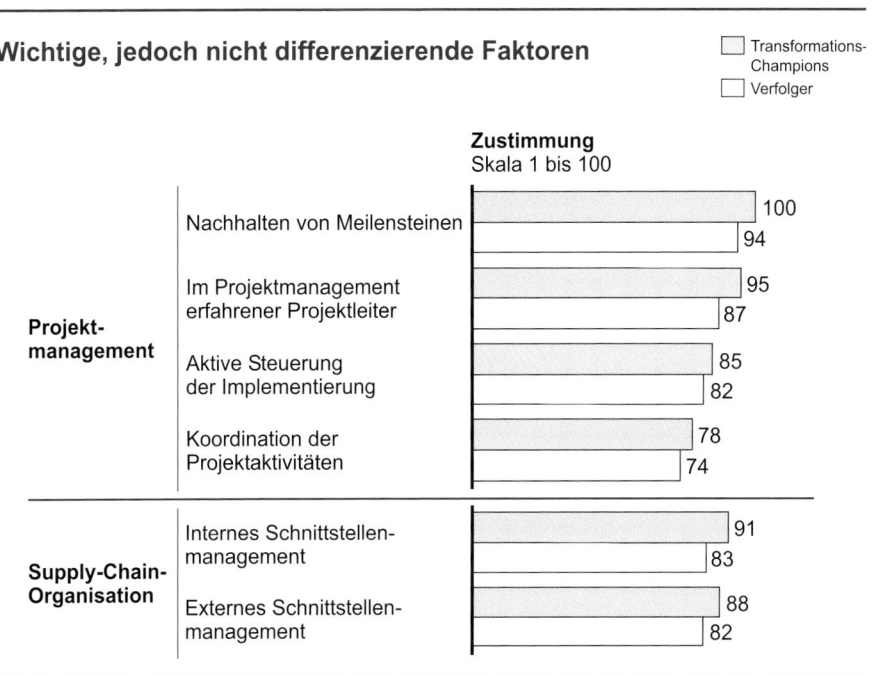

Abbildung 8

1. Sie sind latent *unzufrieden mit ihrer aktuellen Lage* und wollen sich stark verbessern.
2. Ist die Entscheidung für ein Projekt gefallen, *starten sie schnell* in die Implementierung und setzen im ersten Projekt auf *schnelle Erfolge.*
3. Das Projekt organisieren die Champions als *ganzheitliches Verbesserungsprogramm,* immer ausgehend von der Unternehmensstrategie.
4. Der Anspruch der Champions ist hoch: Im Vergleich zu den Verfolgern setzen sie auf *ehrgeizige Ziele mit laufender Kontrolle.*
5. Die Champions setzen für das Projekt eine *zentrale Führung ein und binden ihre Mitarbeiter ein.* Dadurch stehen diese auch hinter den Veränderungen.
6. Der letzte Erfolgsfaktor ist das *institutionalisierte Training,* mit dem die Champions ihre Mitarbeiter gezielt inhaltlich schulen.

Und so geht es weiter im Text. In den folgenden sechs Kapiteln zeigen wir, wie die Transformations-Champions es schaffen, die entscheidenden sechs Erfolgsfaktoren aus Abbildung 9 konsequenter anzugehen als die Verfolger.

So haben wir die Erfolgsfaktoren identifiziert

Mittelwert allein nicht aussagekräftig. Um zuverlässige Aussagen über die Erfolgsfaktoren treffen zu können, haben wir aus den Antworten unserer Gesprächspartner zunächst Mittelwerte gebildet, und zwar separat für die beiden Gruppen der Champions und der Verfolger. Allerdings wäre es voreilig zu glauben, dass immer, wenn sich die Mittelwerte unterscheiden, tatsächlich auch ein Unterschied zwischen Champions und Verfolgern besteht. Das trifft nur bedingt zu: Die Abweichungen können auch zufällig sein. Wir mussten daher jeweils herausfinden, wann Unterschiede im Mittelwert zufällig sind und wann nicht.

Zufällige von echter Streuung unterscheiden. Bei der Differenzierung zwischen zufälliger und echter Streuung helfen statistische Testverfahren, in unserem Fall der so genannte t-Test. Nach Vorgabe einer Irrtumswahrscheinlichkeit gibt der t-Test Aufschluss darüber, ob die Mittelwerte tatsächlich voneinander abweichen oder ob die Abweichung nur zufällig ist. Hierzu muss als Erstes eine Testgröße berechnet und mit tabellierten Werten einer Wahrscheinlichkeitsverteilung verglichen werden. Ist die Testgröße höher als der tabellierte Wert, sind die Mittelwerte entsprechend der vorgegebenen Irrtumswahrscheinlichkeit verschieden. Gibt man als Irrtumswahrscheinlichkeit zum Beispiel 10 Prozent vor und zeigt die berechnete Testgröße einen Unterschied an, sind – vereinfacht gesagt – die Mittelwerte mit 90-prozentiger Wahrscheinlichkeit verschieden. In diesem Fall spricht man von einem statistisch signifikanten Unterschied.

Ergebnisse statistisch signifikant. Unsere Ergebnisse waren in der Regel mit einer Irrtumswahrscheinlichkeit von 10 Prozent signifikant, häufig sogar mit 5 Prozent oder 1 Prozent.

Vergleichbarkeit der erhobenen Daten

Die Ergebnisse empirischer Untersuchungen sind umso aussagekräftiger, je vergleichbarer die erhobenen Daten sind. Da wir belastbare Erkenntnisse gewinnen wollten, um daraus fundierte Handlungsempfehlungen ableiten zu können, haben wir darauf geachtet, dass die untersuchten Daten und Leistungskennzahlen vergleichbar sind, oder wir haben sie durch Umrechnungen möglichst vergleichbar gemacht.

Vergleichbarkeit der Unternehmen. Das Ziel unserer Untersuchung lautete, Erfolgsfaktoren für die Umsetzung größerer interner Supply-Chain-Projekte zu finden. Der Schwerpunkt lag daher auf Vorgehensweisen zur Umsetzung von Supply-Chain-Projekten, nicht auf spezifischen Supply-Chain-Konzepten. Bereits bei der Formulierung des Fragebogens haben wir daher darauf geachtet, dass die abzufragenden Hypothesen nicht industriespezifisch und somit für Konsumgüterhersteller, Hersteller langlebiger Gebrauchsgüter und Einzelhändler gleichermaßen relevant sind.

Vergleichbarkeit der Daten. In den Interviews wurden zwei Arten von Daten erhoben: qualitative Einschätzungen, zum Beispiel die Umsetzungsgrade von Vorgehensweisen bei der Implementierung, und quantitative Daten, zum Beispiel die Kennzahlen zur Supply-Chain-Leistung. Für das Erfassen qualitativer Einschätzungen haben wir Skalen verwendet, die wir im Vorfeld festgelegt und deren einzelne Ausprägungen wir mit Beispielen hinterlegt hatten. Die quantitativen Daten umfassen unter anderem Kennzahlen zur Supply-Chain-Leistung. Innerhalb der betrachteten Industrien sind die Daten somit gut vergleichbar. Die Vergleichbarkeit der Industrien miteinander ist allerdings nur bedingt gegeben. Daher haben wir uns bei der Auswahl der Transformations-Champions auf die Verbesserung der Supply-Chain-Leistung konzentriert – das tatsächliche Leistungsniveau also außer Acht gelassen – und in jeder einzelnen Industrie Unternehmen zu Champions gekürt. Champions sind nur solche Unternehmen, die innerhalb ihrer Branche die Leistungskennzahlen mehr als doppelt so stark wie der Durchschnitt steigern konnten. Da es für Unternehmen auf einem geringen Leistungsniveau einfacher ist, hohe absolute Verbesserungen zu erzielen als für Unternehmen auf einem höheren Leistungsniveau, haben wir die relative Verbesserung bewertet: Ein Unternehmen mit Logistikkosten von 10 Prozent des Umsatzes muss für eine relative 10-Prozent-Verbesserung auf dann 9 Prozent eine absolute Verbesserung von einem Prozentpunkt erreichen. Für ein Unternehmen mit 5 Prozent Logistikkosten reicht für die gleiche relative Verbesserung von 10 Prozent eine absolute Verbesserung um 0,5 Prozentpunkte.

Die sechs wichtigsten Erfolgsfaktoren

	Beschreibung
Unzufriedenheit mit aktueller Lage	• Unzufriedenheit mit aktueller Lage unabhängig von der tatsächlichen Lage
Schneller Start und schnelle Erfolge	• Kurze Planungsphase zu Beginn mit schnellem Start der Implementierung • Realisierung schneller Erfolge im ersten Projekt
Ganzheitliches Programm	• Starten eines ganzheitlichen, holistischen Programms • Projektkoordination durch ein zentrales Projektbüro
Klare Ziele und laufende Kontrolle	• Festlegen anspruchsvoller quantitativer Ziele • Laufendes Kontrollieren der Ziele über ein verbessertes Messsystem
Zentrale Führung und Einbindung der Mitarbeiter	• Leitung des Programms durch den Vorstandsvorsitzenden • Intensive Einbindung der Mitarbeiter
Institutionalisiertes Training	• Etablierung inhaltlicher Schulungen zu Supply-Chain-Themen • Gezielte Förderung und Weiterentwicklung der Mitarbeiter

Abbildung 9

Unzufriedenheit mit der Ausgangssituation: Handlungsbedarf wahrnehmen und vermitteln

Supply-Chain-Transformationen ergeben sich nicht von allein; meist gibt es einen Auslöser für den Wunsch, etwas zu verändern. Ein wichtiger Auslöser ist eine schlechte Leistung im Vergleich zum Wettbewerb, die sich durch Beobachtungen oder eine Benchmarkinganalyse herauskristallisiert hat. Ob dies auch bei den Transformations-Champions der Anlass dafür war, etwas zu verändern, beleuchten wir in diesem Kapitel. Ist die Entscheidung, eine Transformation zu starten, gefallen, muss dies auch den Mitarbeitern und Geschäftspartnern vermittelt werden. Wichtig ist, dass die Betroffenen von der Notwendigkeit der Transformation überzeugt sind und motiviert werden, am »Umkrempeln« der Lieferkette begeistert mitzuarbeiten. Wir stellen Ihnen in diesem Kapitel ein Kommunikationsmittel vor, mit dem Sie all dies erreichen können.

Ein vergleichbares Leistungsniveau … Man könnte vermuten, dass der wesentliche Grund für den Start von Supply-Chain-Optimierungen eine im Vergleich zum Wettbewerb schlechtere Supply-Chain-Leistung ist: Unternehmen mit geringer Supply-Chain-Leistung müssten einen Handlungsbedarf erkennen und sich anschließend zügig an die Optimierung ihrer Lieferkette machen. Dass dem jedoch nicht so ist, veranschaulicht Abbildung 10. Die Supply-Chain-Kosten der Transformations-Champions und der Verfolger waren vor Beginn der Optimierungsaktivitäten in etwa gleich hoch. Die Unterschiede waren statistisch nicht signifikant (siehe Kasten »So haben wir die Erfolgsfaktoren identifiziert« in Kapitel 1). Das tatsächliche Leistungsniveau erklärt also nicht, warum die Transformations-Champions groß angelegte Supply-Chain-Optimierungen durchgeführt haben.

… aber große Unzufriedenheit mit der eigenen Leistung. Zusätzlich zur Abfrage der objektiven Leistungsparameter haben wir die Interviewpartner gebeten, ihre subjektive Wahrnehmung des Verbesserungsbedarfs in der Supply-Chain einzuschätzen. Herausgekommen ist dabei Überraschendes: Die Champions waren vor der Transformation in hohem Maße unzufrieden mit ihrer aktuellen Lage. Auf einer Skala von 1 (sehe keinen Verbesserungsbedarf) bis 100 (sehe sehr hohen Verbesserungsbedarf) schätzten sie ihre Ausgangslage mit einem Wert von 88 erheblich schlechter ein als die Verfolger mit 64. Transformations-Champions sehen also einen größeren Handlungsbedarf als die Verfolger, obwohl die tatsächliche Leistung beider Gruppen vergleichbar ist. Das heißt: Nicht die tatsächliche Situation ist dafür entscheidend, ob Veränderungen angestoßen werden, sondern vielmehr die subjektive Wahrnehmung der eigenen aktuellen Leistung.

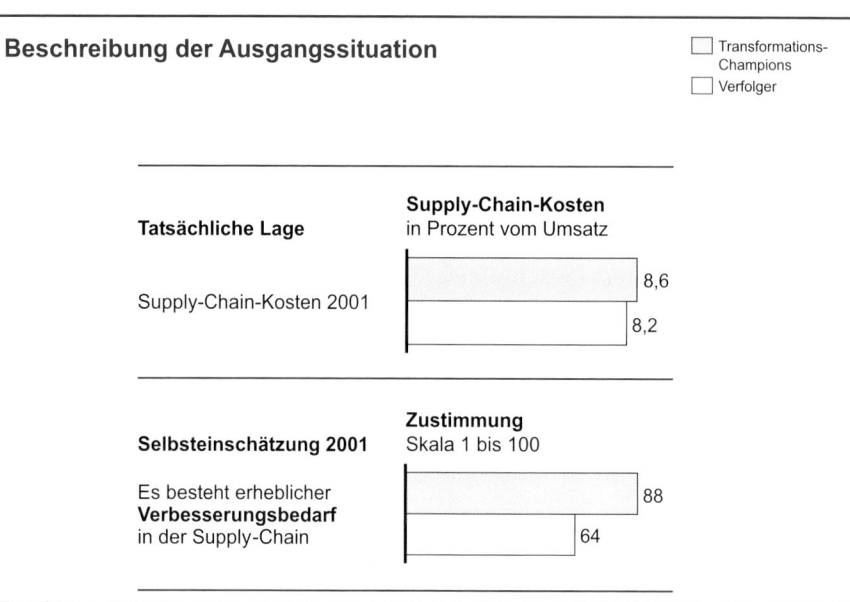

Beschreibung der Ausgangssituation

☐ Transformations-Champions
☐ Verfolger

Tatsächliche Lage

Supply-Chain-Kosten
in Prozent vom Umsatz

Supply-Chain-Kosten 2001 — 8,6 / 8,2

Selbsteinschätzung 2001

Zustimmung
Skala 1 bis 100

Es besteht erheblicher **Verbesserungsbedarf** in der Supply-Chain — 88 / 64

Abbildung 10

2.1 Die Transformations-Story: Handlungsdruck vermitteln, Begeisterung wecken

Die Transformations-Champions sehen den Verbesserungsbedarf und wollen etwas ändern. Das unbestimmte »So-geht-es-hier-nicht-weiter-Gefühl« (meist des Top-Managements) ist allerdings erst der Anfang. Damit Taten folgen, muss die gesamte Organisation mitziehen. Manager und Mitarbeiter müssen sich mit der umfassenden Optimierung der Supply-Chain-Aktivitäten von vielen gewohnten Abläufen verabschieden und neue Prozesse lernen; damit einher gehen auch Verhaltensänderungen. Deshalb ist es wichtig, dass alle Beteiligten die Notwendigkeit der Veränderungen akzeptieren. Steht das Unternehmen schlecht da, weil der Gewinn eingebrochen ist oder sogar Verluste gemacht werden, ist die Notwendigkeit für Veränderungen offensichtlich oder zumindest jedem leicht zu vermitteln. In diesem Fall verstehen die Mitarbeiter in der Regel, dass Handlungsbedarf besteht, müssen aber überzeugt werden, dass der geplante Weg der richtige ist. Wenn es dem Unternehmen relativ gut geht, ist es deutlich schwieriger: Die Mitarbeiter müssen zunächst davon überzeugt werden, dass dennoch Änderungen notwendig sind, und anschließend motiviert werden, am Umbau der Supply-Chain mitzuwirken. Eine der ältesten und bewährtesten Methoden, die das leisten kann, ist das Erzählen von Geschichten.

Geschichten erzählen. Geschichten sprechen die emotionale Seite der Menschen an. Mit ihnen können selbst komplexe Sachverhalte anschaulich vermittelt werden. Sie liefern Hintergründe und zeigen uns Charaktere, mit denen wir uns identifizieren können. Deshalb bleiben Geschichten auch so lange im Gedächtnis haften. Diese Eigenschaften von Geschichten sollten sich Unternehmen in Zeiten des Wandels zunutze machen: Mit einer überzeugenden Transformations-Story kann der Wandel anschaulich begründet und für die Mitarbeiter nachvollziehbar gemacht werden. Das mag für manchen eher nach »Märchenstunde« oder Esoterik klingen als nach einer wirksamen Maßnahme für die Mitarbeitermotivation. Und natürlich sind für die Motivation auch Fakten, plausible Annahmen und nachvollziehbare Schlussfolgerungen notwendig, da sich nur so Sachverhalte objektiv analysieren lassen. Nur reichen Fakten eben nicht aus. Eine Analyse spricht den Verstand an. Mitarbeiter zu motivieren, zu überzeugen, zum Handeln zu ermutigen, gelingt aber nur über Emotionen. Auch wenn die Zahlen auf den PowerPoint-Folien Handlungsnotwendigkeit signalisieren, so werden sie emotional erst dann aufgenommen, wenn sie in einem Kontext stehen, in eine Geschichte verwoben werden (Thier 2005).

Bestätigung aus Wissenschaft und Praxis. Sprachwissenschaftler aus den USA haben herausgefunden, dass Schüler neues Wissen einfacher über ein erzählerisches Format im Stil von *Time Magazine* oder *Newsweek* aufnehmen und reproduzieren können als über klassische Lehrbücher (Shaw et al. 1998). Dazu hatten die Wissenschaftler Sachbücher zur amerikanischen Geschichte in ein erzählerisches Format übersetzt. Das Ergebnis: Die Schüler konnten sich an dreimal mehr Zusammenhänge erinnern als nach der Lektüre ihrer üblichen Lehrbücher. Ähnliches ist von Untersuchungen zu Aufzählungslisten zu berichten: Von Punkten einer Aufzählung behielten Probanden meist nur das erste und das letzte Element, seltener die Punkte dazwischen. Wurden die Punkte in Form einer Geschichte miteinander verbunden, konnten auch komplexe Zusammenhänge wiedergegeben werden. Kognitionspsychologen – sie beschäftigen sich mit den psychischen Mechanismen des menschlichen Denkens – bestätigen, dass Zusammenhänge, Folgen von Ereignissen, Ursachen und Wirkungen, die durch einen roten Faden miteinander verbunden sind, leichter aufgenommen und abgerufen werden können als eine bloße Aneinanderreihung von Fakten. Auch in der Praxis stößt das Erzählen von Geschichten zunehmend auf Interesse. Namhafte Unternehmen wie Coca-Cola, Federal Express, Ford, IBM oder Shell geben an, »Storytelling« einzusetzen. Im Kasten »Businesspläne bei 3M« zeigen wir Ihnen, wie 3M Geschichten zum Schreiben von Businessplänen verwendet. In Deutschland scheint sich die Technik des Geschichtenerzählens in

Unternehmen ebenfalls zu verbreiten. Bei T-Mobile gibt es beispielsweise eine spezielle Storytelling-Methodik zur abschließenden Auswertung und Besprechung von Projekten (Thier 2005).

Gut erzählt ist fast schon überzeugt. Eine Transformationsgeschichte ist nur dann wirklich gut, wenn sie die Notwendigkeit für die geplanten Veränderungen begründet und angestrebte Ziele und Maßnahmen schlüssig erklärt. Das gibt den Mitarbeitern Orientierung und reduziert Unsicherheiten, die sonst aufgrund von Informationsdefiziten entstehen könnten. Sie verstehen dadurch auch, dass die kurzfristigen Restrukturierungsmaßnahmen Teil einer langfristigen Strategie sind. Auf Ebene des Top-Managements hilft die Transformations-Story, die verschiedenen Ansichten zur zukünftigen Ausrichtung des Unternehmens in Einklang zu bringen. Sprachlich sollte eine gute Geschichte einen Spannungsbogen besitzen, um die Zuhörer zu fesseln und emotional zu erreichen. Richtig aufgebaut mobilisiert sie so die Zuhörer und verstärkt die Energie, etwas ändern zu wollen.

Storytelling: Businesspläne bei 3M

Was Wilhelm und Jacob Grimm in ihren Märchen meisterhaft verstanden haben, hat heute noch seine Berechtigung, sogar in der Unternehmenspraxis. 3M beispielsweise nutzt die Technik des Geschichtenerzählens, um Businesspläne zu schreiben und vorzustellen.

Aufzählungen – die Wurzel allen Übels. In den 90er Jahren stellte Gordon Shaw, Executive Director of Planning and International bei 3M in St. Paul, Minnesota, fest, dass die Businesspläne von 3M sowohl Tiefgang als auch Verbindlichkeit und Begeisterung vermissen ließen. Die Pläne waren nicht schlecht: Sie enthielten allesamt Listen mit Maßnahmen, die sinnvoll waren, um 3M weiterzuentwickeln. Was fehlte, war die Erläuterung von Zusammenhängen; unklar blieb auch, wie genau sich 3M am Markt behaupten könnte. Shaw fand heraus: Die Wurzel allen Übels waren die Aufzählungen.

In den meisten Unternehmen gibt es Formatvorlagen für den strategischen Planungsprozess; das vorgegebene Format für Inhalte ist dort jedoch leider allzu gern die Aufzählung.

Die folgenden drei Punkte beschreiben, so der Autor, eine Fünfjahresstrategie:

- Erhöhung des Marktanteils um 25 Prozent
- Steigerung der Gewinne um 30 Prozent
- Erhöhung der Einführungsrate neuer Produkte auf zehn pro Jahr.

Was ist daran auszusetzen? Nun, die Punkte beschreiben keine Strategie und auch keine konkreten Maßnahmen, sondern sie sind recht allgemein formulierte Ziele, die auf jedes Unternehmen zutreffen können. Sie vernachlässigen außerdem vollständig das »Wie«: Offensichtlich soll alles wie bisher getan werden, nur schneller, effizienter und mit mehr Gewicht auf dem Markt. Würde dieser »Plan« in einer Präsentation vorgestellt, könnte der Vortragende ihn natürlich mit mehr Details füllen und jeden Punkt ausführlich erklären. Auf dem Papier bleiben jedoch viel zu viele Fragen unbeantwortet.

Beziehungen bleiben unklar. Aufzählungen können nur eindimensionale logische Beziehungen aufzeigen, zum Beispiel eine Reihenfolge (vom ersten bis zum letzten Punkt), den Grad der Wichtigkeit (vom Wichtigen zum Unwichtigen) oder eine Zugehörigkeit (alle Elemente haben etwas gemeinsam). Die Darstellung komplexerer Zusammenhänge oder eine Kombination mehrerer logischer Beziehungen ist mit Aufzählungslisten nicht möglich.

Was bedeutet das für das obige Beispiel zur Fünfjahresstrategie? Die drei Punkte enthalten implizit eine Vision in Bezug auf den Markt, die Organisation und die Kunden. Wie die drei Elemente zusammenwirken, bleibt jedoch unklar. Steigt der Marktanteil, zum Beispiel durch verbessertes Marketing, so dass anschließend auch der Gewinn steigt?

Die strategische Erzählung als Alternative. 3M hat sich entschieden, Businesspläne in Form einer strategischen Erzählung zu schreiben. Das Schreiben in diesem neuen Format hilft nicht nur, die Zusammenhänge zu verstehen, die Situation zu durchdenken sowie Ursache und Wirkung richtig zu ordnen, sondern auch, den Ideenreichtum der Mitarbeiter zu fördern und ihre Begeisterung zu entfachen. Eine Strategie zur Lösung einer schwierigen Situation, die gut be- und geschrieben ist, bewegt sicherlich mehr als ein bloßer Aufzählungspunkt wie beispielsweise »Steigerung Marktanteil auf 5 Prozent«. Wenn Mitarbeiter sich selbst als Teil der Geschichte sehen, fördert das ihre Identifizierung mit den Zielen und letztendlich auch deren Unterstützung.

Quelle: Shaw et al. 1998

2.2 Den Bleistift spitzen: So schreiben Sie eine Transformations-Story

Um eine Transformationsgeschichte zu schreiben, müssen zunächst die Inhalte, die vermittelt werden sollen, zusammengestellt und aufbereitet werden.

Zusammenstellen des Inhalts. Um eine wirkungsvolle Transformationsgeschichte zu schreiben, müssen viele Informationen zusammengetragen werden. Die vereinbarten Ziele fließen ebenso in die Geschichte ein wie die bereits verabschiedeten Maßnahmen. Um die zahlreichen Informationen zu strukturieren und keinen wichtigen Punkt zu übersehen, helfen vier Fragen: Wo kommen wir her? Wo stehen wir im Moment? Was müssen wir erreichen? Wie können wir sicherstellen, dass wir unsere Ziele tatsächlich erreichen (siehe Abbildung 11)? Als Quellen für die Beantwortung dieser Fragen dienen Interviews mit Mitarbeitern, Wettbewerbern oder Branchenexperten. Auch im Management sollten alle Fragen offen diskutiert werden. Das ist ein intensiver Prozess, weil er nahezu alle Elemente der geplanten Supply-Chain-Optimierung abdecken muss.

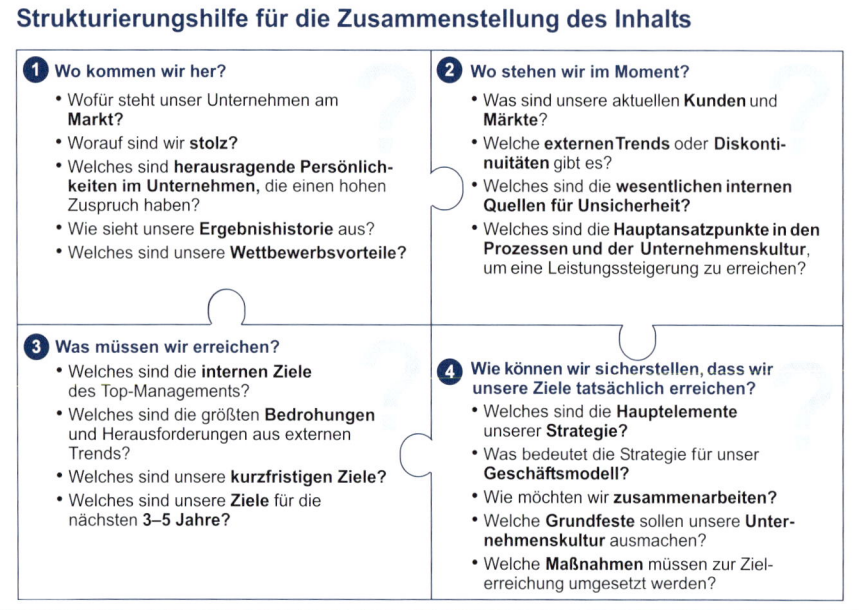

Strukturierungshilfe für die Zusammenstellung des Inhalts

1 Wo kommen wir her?
- Wofür steht unser Unternehmen am **Markt?**
- Worauf sind wir **stolz?**
- Welches sind **herausragende Persönlichkeiten im Unternehmen,** die einen hohen Zuspruch haben?
- Wie sieht unsere **Ergebnishistorie** aus?
- Welches sind unsere **Wettbewerbsvorteile?**

2 Wo stehen wir im Moment?
- Was sind unsere aktuellen **Kunden** und **Märkte?**
- Welche **externen Trends** oder **Diskontinuitäten** gibt es?
- Welches sind die **wesentlichen internen Quellen für Unsicherheit?**
- Welches sind die **Hauptansatzpunkte in den Prozessen und der Unternehmenskultur,** um eine Leistungssteigerung zu erreichen?

3 Was müssen wir erreichen?
- Welches sind die **internen Ziele** des Top-Managements?
- Welches sind die größten **Bedrohungen** und Herausforderungen aus externen Trends?
- Welches sind unsere **kurzfristigen Ziele?**
- Welches sind unsere **Ziele** für die nächsten **3–5 Jahre?**

4 Wie können wir sicherstellen, dass wir unsere Ziele tatsächlich erreichen?
- Welches sind die **Hauptelemente** unserer **Strategie?**
- Was bedeutet die Strategie für unser **Geschäftsmodell?**
- Wie möchten wir **zusammenarbeiten?**
- Welche **Grundfeste** sollen unsere **Unternehmenskultur** ausmachen?
- Welche **Maßnahmen** müssen zur Zielerreichung umgesetzt werden?

Abbildung 11

Wo kommen wir her? Die Mitarbeiter sind stolz auf das bisher Geleistete und stehen Veränderungen zunächst einmal skeptisch gegenüber. Die Story muss sie daher emotional ansprechen und den Wandel begründen. Die Betrachtung der Unternehmenshistorie hilft, diese emotionale Ebene herzustellen. Sie liefert Hinweise dazu, wofür das Unternehmen steht und worauf die Mitarbeiter stolz sind. So ist sichergestellt, dass sich die Mitarbeiter auch tatsächlich in der Transformations-Story wiederfinden. Zugleich hilft die Beschäftigung mit der Historie den Autoren der Transformations-Story, die Wettbewerbsvorteile des Unternehmens aufzudecken.

Wo stehen wir im Moment? Eine gründliche Analyse der aktuellen Situation hilft, einen Auslöser oder Aufhänger für die geplanten Veränderungen zu finden. Dazu sollten Kunden, Markttrends und interne Prozesse genauer betrachtet werden. Auch ein Blick auf die eigene Unternehmenskultur kann dabei helfen herauszufinden, wie eine Leistungssteigerung erreicht werden kann oder was ihr im Wege steht.

Was müssen wir erreichen? Mitarbeiter interessieren sich nicht nur für Vergangenheit und Gegenwart, sondern auch dafür, wohin die Reise geht. Die Ziele – die kurzfristigen ebenso wie die langfristigen – müssen bereits beim Schreiben der Transformations-Story klar sein und dargestellt werden. Die Berücksichtigung zukünftiger Entwicklungen – mögliche Bedrohungen oder neue Herausforderungen – hilft bei der Formulierung der Ziele.

Wie können wir sicherstellen, dass wir unsere Ziele tatsächlich erreichen? Sind die Ziele klar, gilt es, den Weg zum Ziel zu beschreiben. Welches sind die Hauptelemente der zukünftigen Supply-Chain-Strategie? Sollen zum Beispiel die Bestände durch eine Konsolidierung der Distributions- oder Zentrallager gesenkt werden? Neben den Maßnahmen zur Zielerreichung darf ein weiterer Faktor nicht vernachlässigt werden: die Mitarbeiter – vor allem für sie wird schließlich die Transformations-Story geschrieben. Die Mitarbeiter interessiert brennend, welche Rolle sie auf dem Weg zum Ziel spielen. Und sie entscheiden letztlich, ob die gesteckten Ziele auch erreicht werden. Denn nur wenn die Mitarbeiter sich mit dem neuen Programm identifizieren, verstanden haben, welche Rolle sie in dem Programm spielen, und bereit sind, sich für die Ziele einzusetzen, können sie ihr Verhalten ändern.

Die Story entwerfen. Sind die Inhalte aufgearbeitet und strukturiert, folgt der Entwurf der Story. Es gibt keinen Königsweg, wie eine Story aufgebaut sein muss. Entscheidend ist, dass sich die Erzähler der Geschichte zu 100 Prozent mit ihr identifizieren. Die Mitarbeiter würden spüren, wenn dies nicht der Fall wäre – und ein großer Teil der Wirkung würde verpuffen. Es gibt jedoch eine grobe Richtschnur für den Aufbau: Nach einer Einführung in die Ausgangssituation sollte eine Zuspitzung folgen, die in einen Wendepunkt mündet. Dem Wendepunkt folgt die Beschreibung der Lösung mit einer Zusammenfassung beziehungsweise Schlussfolgerung am Ende (siehe Abbildung 12).

Einführung in die Situation. Die Einführung skizziert die aktuelle Situation des Unternehmens und stellt eine Verbindung zur Vergangenheit her. Hier gilt es aufzuzeigen, woher das Unternehmen kommt und wo es gegenwärtig steht. Erläutern Sie die aktuelle Branchensituation und beschreiben Sie Ihre Supply-Chain; gehen Sie auch auf die Erfolgsfaktoren ein, die das Unternehmen stark gemacht haben. Weitere Aspekte, die Sie hier ansprechen sollten, sind die Entwicklungen des Wettbewerbs und seine Strategien, neue Anforderungen der Kunden und veränderte Rahmenbedingungen. Bauen Sie die Einleitung so auf, dass Spannung entsteht und zum Ende hin noch verstärkt wird.

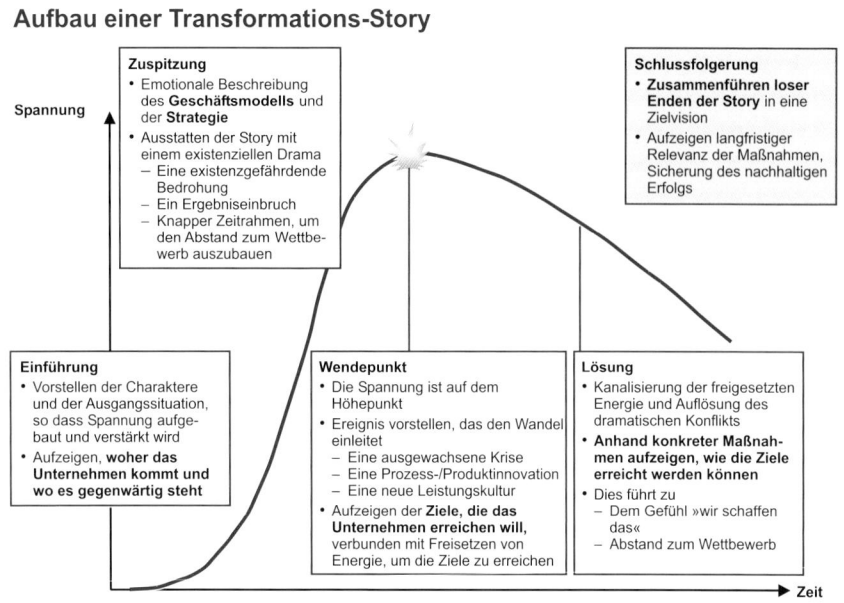

Aufbau einer Transformations-Story

Abbildung 12

Zuspitzung. Welchen Herausforderungen steht das Unternehmen in Bezug auf die Lieferkette zurzeit gegenüber? Das kann zum Beispiel ein enges Zeitfenster sein, in dem gehandelt werden muss, oder eine existenzielle Bedrohung. Die Herausforderung sollte zugespitzt formuliert werden: Nennen Sie die Dinge beim Namen und beschönigen Sie nichts. Nur so vermitteln Sie den Mitarbeitern das Gefühl, dass sich dringend etwas ändern muss.

Wendepunkt. Die Spannung hat ihren Höhepunkt erreicht. Als Wendepunkt dient ein Ereignis, das den Beginn des Wandels markiert. Das kann eine Krise oder eine Innovation sein, aber auch ein Führungskräftetreffen, bei dem über eine Neuausrichtung nachgedacht wurde, oder ein Treffen mit Analysten. Ab hier muss klar sein, wie es weitergehen soll: Jetzt müssen die kurz- und langfristigen Ziele aufgezeigt werden.

Lösung. Die freigesetzte Energie muss nun in einer Lösung kanalisiert werden, die sich aus der Ausgangssituation und der weiteren Argumentation logisch ergibt. Die Lösung umfasst konkrete Maßnahmen, mit denen die Herausforderungen gemeistert werden und die den Erfolg sicherstellen.

Schlussfolgerung. Auch bei der Schlussfolgerung ist eine logisch stringente Argumentation gefragt, die sowohl die Ausgangssituation als auch die Lösung mit einbezieht. Am Ende der Story muss deutlich werden, dass das Programm dem Unternehmen zu einer neuen Position im Markt verhilft, die sich radikal von der Ausgangssituation unterscheidet. Es gilt, den kurzfristigen Verbesserungsbedarf darzustellen, jedoch stets vor dem Hintergrund der langfristigen Strategie. Profitabilitätsziele spielen hierbei eine Rolle, aber vor allem muss klar werden, dass das Unternehmen nach der Supply-Chain-Transformation ein besserer Ort zum Arbeiten sein wird, ein Unternehmen, dessen Produkte zu kaufen und dessen Anteile zu erwerben attraktiv ist.

In Abbildung 13 haben wir neun Tipps für Sie zusammengestellt, die Ihnen beim Schreiben einer stringenten und mitreißenden Transformations-Story helfen. Zu jedem Tipp ist jeweils noch ein kurzes Beispiel angegeben.

Neun Tipps für Transformations-Storys

Tipp	Was bedeutet das in der Praxis?
Mitteilen der eigenen Begeisterung, Energie und Überzeugung	Nutzen von Formulierungen wie: »Ich habe das Gefühl ...«, »Ich tue dies, weil ...«, »Ich möchte dies erreichen ...«, »Ich weiß, wir können es schaffen ...«
Erzählen von Geschichten, um Dinge greifbar zu machen, ...	Erzählen von Geschichten, die einem persönlich, aber auch der Zuhörerschaft etwas bedeuten
... jedoch ohne die strategische Perspektive zu verlieren	Z. B. Nutzen einer umfassenden Perspektive, um den Ehrgeiz der Leute, etwas Großes erreichen zu wollen, zu wecken
Ehrlich sein	Eingestehen, wenn man etwas nicht weiß, jedoch ergänzen, wann man die Antworten weiß
Den Wandel klar begründen und den Grund in die Story einbauen	Klar herausstellen, ob sich etwas ändern muss (Unternehmenskrise) oder ob sich das Unternehmen verändert, weil es besser werden kann
Klar das Ziel des Wandels herausstellen – was wird anders sein als vorher?	Versuchen, konkret zu werden – was wird sich im Tagesgeschäft der Zuhörer tatsächlich ändern?
Gleichzeitig die Stärken und Leistungen der Vergangenheit anerkennen	Z. B. Klarstellen, dass sich wesentliche Werte wie Integrität nicht verändern
Nutzen rhetorischer Fähigkeiten, wenn sie zum eigenen Stil passen	Z. B. »Ich bin überzeugt, wir können dies schaffen«, »Ich glaube fest, dass wir die Fähigkeiten dazu haben«, »Ich glaube, wir müssen das tun«
Verwenden einfacher Sprache, angepasst an die Zuhörer	Z. B. Übersetzen von Formulierungen wie »Shareholder-Value« in Ausdrücke, die die Belegschaft versteht und wertschätzt

Abbildung 13

Story je nach Situation anpassen. Die vorgestellte Struktur der Transformations-Story eignet sich für unterschiedliche Unternehmenssituationen: wenn sich das Unternehmen mitten in einer Krise befindet, wenn es aus dem Mittelfeld ausbrechen will oder wenn es dabei ist, eines der besten Unternehmen der Branche zu werden. Die Einführung in die Situation kann in den beschriebenen Fällen noch vergleichbar aufgebaut sein, Zuspitzung, Wendepunkt und Lösung erfordern jedoch situationsgerechte Anpassungen.

Die Transformationsgeschichte, die der Vorstand eines europäischen Einzelhändlers mit Problemen bei der Warenpräsentation und der Warenverfügbarkeit seinen Mitarbeitern erzählt hat, lesen Sie im Kasten »Beispiel einer Transformations-Story«.

Beispiel einer Transformations-Story

Einführung. Wir sind ein bekanntes Unternehmen mit einer Vergangenheit, auf die wir mit Stolz zurückblicken können. Unsere Kunden mögen, wofür wir stehen: familienfreundliche Filialen, die ein großes Sortiment zu kleinen Preisen bieten. Jedoch steht die Zeit nicht still. Der Wettbewerb wird zunehmend härter. Supermärkte bieten den Kunden mehr Service und ein größeres Angebot als wir. Ergebnisse unserer Marktforschung zeigen, dass, obwohl unsere Kunden uns mögen, sie unser Warenangebot zum Teil auch unzuverlässig und unübersichtlich finden. In einer Fokusgruppe sagte ein Kunde: »Nie kann ich ein Produkt ohne Suchen finden!« Wenn Kunden in unsere Filiale kommen, sollten sie die gewünschten Waren schnell und einfach finden. Regale sollten immer die richtigen Produkte enthalten, hochwertig präsentiert und gut sichtbar ausgezeichnet. Das ist heute nicht immer so. Und das müssen wir ändern!

Wir sind für unsere guten Angebote bekannt. Unsere Promotions kommen bei den Kunden an. Die Konzentration auf Werbeaktionen und saisonale Angebote hat jedoch auch eine Schattenseite: Wenn wir die Nachfrage einer Promotion überschätzen, bleiben wir hinterher auf jeder Menge unverkaufter Artikel sitzen. Diese Artikel verstopfen zum einen unsere Lager entlang der gesamten Lieferkette, zum anderen binden sie Kapital. Und wenn wir eine Promotion starten, ohne dass die Filialen über Waren verfügen? Dann müssen wir improvisieren, um die Kunden nicht zu verärgern. Genau dies passiert Tag für Tag. Unsere Filialleiter haben gelernt, mit solchen Situationen umzugehen. Sie entscheiden selbst, ob Promotions in ihrer Filiale verfügbar sind, ob sie Saisonware anbieten oder wie sie mit Überbeständen alter Sonderaktionen umgehen. Jeder macht es so, wie es ihm gefällt. Wir haben uns daran schon derart gewöhnt, dass es überhaupt keine Standards mehr gibt.

Zuspitzung. Unsere Unternehmensphilosophie sagt, dass wir unseren Kunden helfen, jeden Tag zu einem besonderen Tag zu machen. Das ist eine große Herausforderung, der wir uns täglich stellen, jedoch manchmal nicht gerecht werden. Wir haben zwei große Probleme:

- **Unsere Prozesse funktionieren nicht einwandfrei:** Zum Beispiel ist die Personaleinsatzplanung in vielen Filialen unzureichend, wichtige Lieferungen kommen drei Stunden zu spät oder unsere Lieferanten lassen uns hängen.
- **Der Zustand unserer Filialen ist verbesserungsbedürftig:** Zum Beispiel stapelt sich jede Menge Ware in den Gängen, die Bestände stimmen nicht oder Artikel sind im Lager nur schwer zu finden.

Diese Probleme sind angesichts der wachsenden Kundenanforderungen kritisch. Von daher wird es Zeit, dass wir sie lösen.

Wendepunkt. Weitere Rückschläge können wir uns nicht mehr leisten. Unsere Gewinne sind in den vergangenen drei Jahren dramatisch eingebrochen. Ungefähr die Hälfte aller Kunden verlassen unsere Filialen, ohne etwas zu kaufen. Die Bestände sind in beträchtlichem Umfang gewachsen. So geht es nicht mehr weiter.

Lösung. Bevor wir loslegen, müssen wir das Ausmaß der Probleme analysieren. Wir wollten insbesondere auf diejenigen hören, die am nächsten an den Problemen sind, und sie einbinden. Dazu haben wir ein Projektteam gebildet, in dem Einkauf, Verkauf und Supply-Chain vertreten waren. Zudem haben wir sechs Filialen ausgewählt, die beim Ausprobieren und Verfeinern neuer Konzepte geholfen haben. Gemeinsam haben sie einen Plan entwickelt, die Probleme anzugehen. Das war keine leichte Aufgabe, aber die Mühe hat sich gelohnt. Sowohl Umsatz als auch Gewinn sind in den Testfilialen beträchtlich gestiegen.

Die Lösung betrifft drei Punkte: Verfügbarkeit, Standardisierung und niedrige Bestände.

- **Verfügbarkeit.** Um die richtigen Produkte an der richtigen Stelle im Regal zu haben, müssen wir tadellose Lager haben, den Bestand sauber führen und Regallücken markieren, so dass die Kunden und wir direkt sehen, wenn ein Produkt nicht verfügbar ist.
- **Standardisierung.** Wenn es ein optimales Konzept für das Führen einer Filiale gibt, dann sollten wir dieses in allen Filialen nutzen. Filialgestaltung und Best Practice sollten einheitlich sein.
- **Niedrige Bestände.** Überbestände aus Promotions müssen schnell und möglichst gewinnbringend abgebaut werden.

Diese drei Aspekte werden durch neue tägliche Abläufe und Aufgaben untermauert. Nur wenn diese wirklich jeden Tag gelebt werden, können wir nachhaltige Änderungen bewirken. Gleichzeitig gibt es ebenso signifikante Veränderungen in der Zentrale: Wir werden eine neue Bestandsklassifizierung einführen, Promotions werden neu gehandhabt und Planungsprozesse vereinheitlicht. Wir müssen nun alle zusammenarbeiten, um all dies umzusetzen.

Schlussfolgerung. Die ersten Erfolge in den Testfilialen zeigen, dass das Konzept funktioniert. Langfristig werden wir jedoch nur erfolgreich sein, wenn wir uns immer wieder anstrengen, die neuen Regeln zu leben. Falls jemand die Spielregeln nicht kennt oder sich nicht daran hält, wird alles wieder schnell so aussehen wie vorher. Daher müssen wir unseren Standard diskutieren, uns gegenseitig zuhören, uns aber auch verpflichten, ihn einzuhalten. Die »Rituale und Routinen« werden in Kürze in eurer Filiale eingeführt. Dazu gehört beispielsweise jeden Morgen ein Gang durch die Filiale und das Lager, um zu überprüfen, ob alles in Ordnung ist, und falls nicht, Mängel direkt abzustellen. So können wir gewährleisten, unseren Kunden ein außergewöhnliches Einkaufserlebnis zu bieten und unser Versprechen, dass wir jeden Tag zu einem besonderen Tag machen möchten, einlösen.

Zielgruppenspezifische Story-Varianten entwickeln. Mit dem Entwurf der Transformations-Story ist der größte Schritt bis zur fertigen Geschichte bereits getan. Nun ist es wichtig, den Entwurf auf die unterschiedlichen Zielgruppen abzustimmen. Mitarbeiter haben andere Bedürfnisse oder Ängste als Aktionäre und Geschäftspartner. Mit gezielten Anpassungen können die Interessen oder Befürchtungen einzelner Gruppen berücksichtigt beziehungsweise aufgefangen und so das Risiko von Widerständen oder Einwänden minimiert werden. Eine Analyse der verschiedenen Zielgruppen hilft, deren individuelle Interessen zu beleuchten. Der Kasten »Zielgruppenanalyse: die Interessen und Motive der Zuhörer verstehen« zeigt das Ergebnis einer solchen Analyse.

Wie sehen nun auf das Zielpublikum angepasste Varianten einer Story aus und was muss jeweils verändert werden? Die Elemente einer Story lassen sich meist in Hauptthemen, unterstützende Themen und zielgruppenspezifische Themen unterteilen. Die Hauptthemen und die unterstützenden Themen sind bei allen Zielgruppen weitgehend identisch. Die zielgruppenspezifischen Themen sollten aufzeigen, was die neue Strategie für den Einzelnen bedeutet. Individuelle Probleme sollten angesprochen und Bedenken vorweggenommen werden. Die zielgruppenspezifischen Themen sollten auch die Vorteile der Veränderungen aufführen, vor allem die, die für die Zielgruppe besonders reizvoll sind. Üblich ist eine Differenzierung in Versionen für Führungskräfte, unteres Management, einfache Mitarbeiter, Lieferanten, Kunden und Aktionäre beziehungsweise Inhaber. Je nach Situation können jedoch mehr oder weniger Varianten notwendig sein. Sind zum Beispiel Vertriebsmitarbeiter wichtige Stakeholder, deren Einbindung erfolgskritisch ist, sollte für diese Zielgruppe eine eigene Variante erstellt werden.

Zielgruppenanalyse: die Interessen und Motive der Zuhörer verstehen

Für die Anpassung einer Transformations-Story an Zielgruppen, spätestens aber bei der Planung der Kommunikation, müssen die Personen oder Personengruppen innerhalb und außerhalb des Unternehmens bekannt sein, die von den Veränderungen betroffen sind. Wie ist deren Einstellung zum Wandel? Welche Sorgen, Nöte und Bedenken haben sie? Die Zielgruppenanalyse ist eine strukturierte Vorgehensweise, um Antworten auf diese Fragen zu finden. Denn jede Zielgruppe verlangt nach einer individualisierten Ansprache.

Und so erstellt man eine Zielgruppenanalyse:

- **Identifizieren der Zielgruppen.** Als Erstes erstellen Sie eine Liste mit allen Zielgruppen; das können sowohl Einzelpersonen als auch echte Gruppen sein. Falls sich Personen aufgrund gemeinsamer Merkmale zu Gruppen zusammenfassen lassen, sollten Gruppen verwendet werden. Am einfachsten ist es, in Form eines Brainstormings zunächst so viele Personen aufzuschreiben wie möglich, ohne diese zu bewerten. Es hilft, gezielt an die Personenkreise zu denken, die von den Veränderungen betroffen sind oder die ein bestimmtes Interesse am Unternehmen haben. Mögliche Gruppen sind dabei: Top-Management, mittleres und unteres Management, Belegschaft, Betriebsrat, Kunden, Lieferanten, Dienstleister, Gewerkschaften, Anteilseigner, Gläubiger und die Presse.
- **Priorisieren der Zielgruppen.** Nun liegt eine lange Liste mit potenziell einzubindenden Personen und Gruppen vor Ihnen. Zwar sollte jede Gruppe genauer betrachtet werden, jedoch nicht mit der gleichen Intensität. Eine Matrix mit den Dimensionen »Dringlichkeit« und »Einfluss« hilft, die Aufmerksamkeit zu priorisieren (siehe Abbildung 14). »Dringlichkeit« beschreibt, ob der jeweilige Personenkreis sofort oder später involviert wird beziehungsweise betroffen ist; »Einfluss« beschreibt die Bedeutung der Zielgruppe für den Erfolg des Veränderungsprojekts. Die Position in der Matrix gibt den Grad der Aufmerksamkeit an, mit der die Zielgruppe analysiert werden sollte.

Priorisierung der Zielgruppen

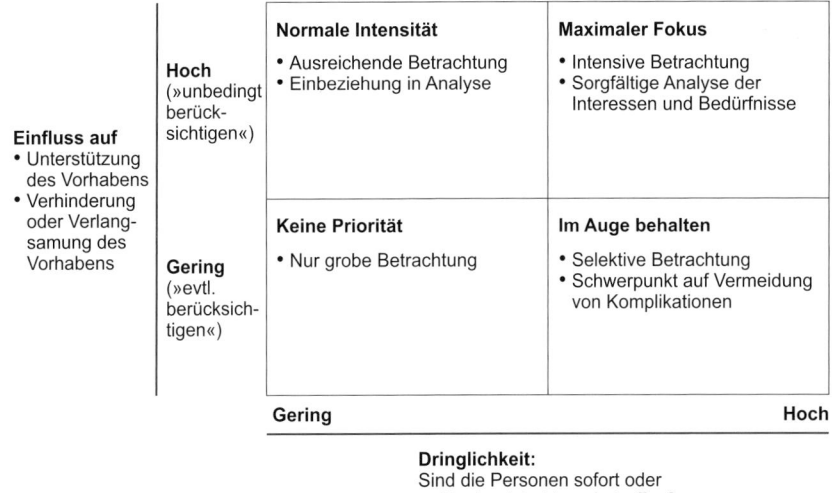

Abbildung 14

- **Verstehen der Zielgruppen.** Die Reihenfolge, in der die Zielgruppen angesprochen werden sollten, steht nun fest, so dass die eigentliche Analyse beginnen kann. Zunächst müssen die Probleme und Bedenken der Personen in Bezug auf die Veränderungen betrachtet werden. Das zweite Augenmerk sollte auf der Motivation liegen: Gibt es Wertvorstellungen, auf denen aufgebaut werden kann? Gibt es Konflikte mit bestehenden Werten oder Überzeugungen? Sind die betroffenen Personen bereit für den Wandel? Mithilfe dieser Fragen lassen sich die wesentlichen Triebkräfte der Zielgruppen identifizieren. Eine gute Möglichkeit, Antworten auf all diese Fragen zu finden, ist, direkt mit den Betroffenen zu sprechen. Menschen sind in der Regel sehr offen und geben bereitwillig Auskunft über ihre Ansichten, wenn sie danach gefragt werden. In einem nächsten Schritt müssen die eigenen Ziele formuliert werden. Was wird mit der Kommunikation bezweckt, was soll der Personenkreis denken oder tun? Abschließend lässt sich die Kommunikation, einschließlich der Transformations-Story und ihrer Elemente, auf die Zielgruppe abstimmen. Dabei sollte der persönliche Bezug zur Zielgruppe im Vordergrund stehen. Häufig ist es hilfreich, die identifizierten Interessengruppen in die Zielgruppenmatrix einzutragen. Zusätzlich können die Gruppen, die laut der Analyse die Veränderungen unterstützen, blockieren oder noch unentschlossen sind, farblich markiert werden.

Der Lackmustest. Ist die Story geschrieben und an die wichtigsten Zielgruppen angepasst worden, kann die Kommunikation starten. Zu Beginn empfiehlt sich ein Feldtest, mit dem die Wirkung der Geschichte auf die Zielgruppen überprüft wird. So haben Sie vor der »großen Kommunikation« noch die Möglichkeit, kritische Stellen anzupassen. Fällt der Feldtest positiv aus und sind alle Änderungen eingearbeitet, können Sie mit der Kommunikation in die Fläche starten.

2.3 Erfinderisch sein: So setzen Sie die Transformations-Story ein

Mitarbeiter vom Sinn und Zweck einer Supply-Chain-Transformation zu überzeugen, ist nicht einfach. Um sie für die Veränderungen einzunehmen, müssen sie – das haben wir im vorigen Abschnitt gesehen – emotional angesprochen werden. In diesem Abschnitt erfahren Sie, wie Sie mit Ihren Botschaften zu den Mitarbeitern durchdringen.

Etappenziel: ein Drittel der Mitarbeiter erreichen. Dass sich etwas ändern soll, muss überall ankommen. Untersuchungen haben gezeigt, dass sich neue Verhaltensweisen innerhalb eines Unternehmens nur dann durchsetzen, wenn sie mindestens 30 Prozent der Beschäftigten erreichen. Abbildung 15 zeigt, dass sich Veränderungen selbstverstärkend fortsetzen, wenn die Grenze von 30 Prozent überschritten wird. Genauso kann eine Initiative aber auch fehlschlagen, wenn die 30 Prozent nicht erreicht werden. Weil diese magische Grenze über »Top« oder »Flop« entscheidet, wird sie auch »Tipping Point« genannt (Ancona et al. 2001, Gladwell 2001).

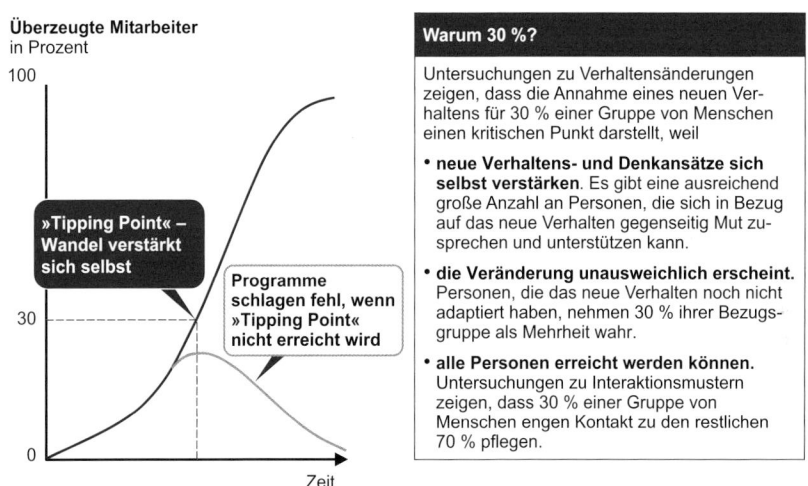

Veränderungen von Organisationen benötigen eine kritische Masse von 30 %, um nachhaltig zu sein

Abbildung 15

Kommunikation in zwei Phasen. Die Kommunikation sollte also so ausgerichtet sein, dass die Botschaften bei der kritischen Masse von 30 Prozent der Beschäftigten ankommen. Um das zu erreichen, bietet es sich an, die Kommunikation zweiphasig verlaufen zu lassen: In einer ersten Phase wird der Unternehmensumbau vorgestellt und begründet. In einer zweiten Phase wird dann sichergestellt, dass den Mitarbeitern die Veränderungen in Erinnerung bleiben und es keine Informationsdefizite gibt.

Phase 1 – Unternehmensumbau vorstellen. In der ersten Phase bietet sich ein stufenförmiger Prozess an. Zunächst sichert sich der Vorstandsvorsitzende die Unterstützung des Top-Managements, das heißt bei den fünf bis zehn engsten Kollegen. Die nächste Stufe ist die Einbindung der Top-50- bis Top-200-Mitarbeiter. Die Kommunikation sollte hier direkt der Vorstandsvorsitzende übernehmen. Es ist wichtig, dass die Kommunikation immer in zwei Richtungen verläuft. Zu Beginn erzählt der Vorstandsvorsitzende die Transformations-Story; anschließend werden Rückmeldungen aufgenommen und gegebenenfalls in die Story integriert. Im weiteren Verlauf des Veränderungsprozesses fungieren die Manager als

Multiplikatoren für die Story. Sie müssen daher mit voller Überzeugung hinter den Veränderungen stehen. Würde ein Manager sich gegenüber seinen Mitarbeitern abfällig über das Programm äußern, wäre deren Unterstützung fraglich. Im letzten Schritt wird die gesamte Belegschaft informiert. Hier ist nicht nur der Vorstandsvorsitzende, zum Beispiel in Form von Ansprachen vor größeren Teilen der Belegschaft, gefordert, sondern das gesamte Management. Es hat die Aufgabe, die Transformationsgeschichte an alle Mitarbeiter des eigenen Verantwortungsbereichs weiterzuerzählen.

Phase 2 – fortlaufende Kommunikation. Die Kommunikation muss so ausgerichtet sein, dass sich alle Betroffenen in hinreichendem Maße über den jeweils aktuellen Stand der Supply-Chain-Transformation informiert fühlen und ihre Bedenken berücksichtigt sehen. Dies erfordert zum einen weiterhin die direkte Kommunikation des Top-Managements auf allen Ebenen des Unternehmens, zum anderen aber auch die Nutzung der etablierten Kommunikationswege über die direkten Vorgesetzten (siehe Kapitel 6).

Die Inhalte immer wieder neu verpacken. Verhaltensweisen und Einstellungen ändern oder formen sich leichter, wenn Themen in unterschiedlichen Formaten aufbereitet werden; das legen Untersuchungen aus der Entwicklungspsychologie nahe (Trautner 1992/1997). Interessant bleiben die Transformations-Story und ihre Kernaussagen für die Zielgruppen, wenn sie über verschiedene Medien transportiert werden, deren Wirkung sich gegenseitig verstärkt: zum Beispiel E-Mails, Videoansprachen des Vorstandsvorsitzenden oder Informationsbroschüren, aber auch ausgefallene Medien wie Cartoons, die in der Mitarbeiterzeitschrift, im Intranet oder als Poster, zum Beispiel in den Teeküchen, eingesetzt werden können. Bei der Auswahl sollten Sie berücksichtigen, dass nicht jedes Medium für jede Zielgruppe geeignet ist. Ein Top-Manager erwartet zum Beispiel, dass er direkt vom Vorstand informiert wird, einem Sachbearbeiter in einem Großunternehmen genügt auch eine Videobotschaft im Intranet.

Das Erarbeiten einer Story, die Anpassung an verschiedene Zielgruppen und der Einsatz in immer wieder anderen Formaten erfordert viel Zeit und Mühe. Diese Zeit zu investieren lohnt sich aber, denn allzu viele Transformationen scheitern am Faktor Mensch.

3

Schneller Start und schnelle Erfolge: Experimentieren erlaubt

Jedem größeren Implementierungsprojekt muss eine solide Analyse- und Planungsphase vorausgehen, darüber sind sich die meisten Manager – unabhängig von ihrem Unternehmensbereich – einig. Daran, was »solide« genau bedeutet, wie lang und intensiv die Analyse- und Planungsphase sein sollte, wann genug analysiert und geplant wurde und wann es mit der Implementierung losgehen sollte, scheiden sich jedoch die Geister. Bei den von uns untersuchten Unternehmen haben die Verfolger viel Zeit in Analyse und Planung investiert und meist erst nach abgeschlossener Detailplanung mit der Implementierung begonnen. Die Transformations-Champions dagegen haben ein anderes Vorgehen gewählt: Sie haben kurz, aber intensiv analysiert und Verbesserungsansätze früh in überschaubaren Pilotprojekten erprobt.

Kurze Analysen bei Transformations-Champions. Die Transformations-Champions benötigen nur rund ein Drittel der Zeit, die die Verfolger auf die Analyse und Planung ihrer Supply-Chain-Optimierung verwenden, nämlich durchschnittlich drei Monate – im Vergleich zu zwölf Monaten bei den Verfolgern (siehe Abbildung 16). Sie schaffen dies unter anderem, indem sie sich bei der Analyse ihrer Lieferkette auf die Hauptstellhebel des Supply-Chain-Erfolgs konzentrieren. Und obwohl die Transformations-Champions sehr viel weniger Zeit in die Supply-Chain-Analyse investiert haben als die Verfolger, sind sie durchweg davon überzeugt, ihre Zeit gut genutzt zu haben. Sie geben sogar noch etwas häufiger als die Verfolger an, ihre Supply-Chain-Situation umfassend analysiert zu haben. In diesem Kapitel zeigen wir Ihnen, wie Supply-Chains in kurzer Zeit analysiert und die Hauptstellhebel für Verbesserungen identifiziert werden können.

Transformations-Champions testen ihre Ansätze früh in einfachen Pilotprojekten. Ein zweites interessantes Charakteristikum der erfolgreichen Unternehmen: Sie setzen auf eine frühe Pilotierung der Verbesserungsmaßnahmen in relativ leicht handhabbaren Projekten. Und nach Abschluss der Pilotprojekte führen sie ihre Verbesserungen nicht gleich im ganzen Unternehmen ein, sondern integrieren die gesamte Organisation nach und nach in einzelnen so genannten Roll-out-Wellen. In diesem Kapitel erläutern wir, was die Transformations-Champions bei der Auswahl, Organisation und Durchführung ihrer Pilotprojekte beachten und wie sie die Pilotergebnisse auf die Gesamtorganisation übertragen.

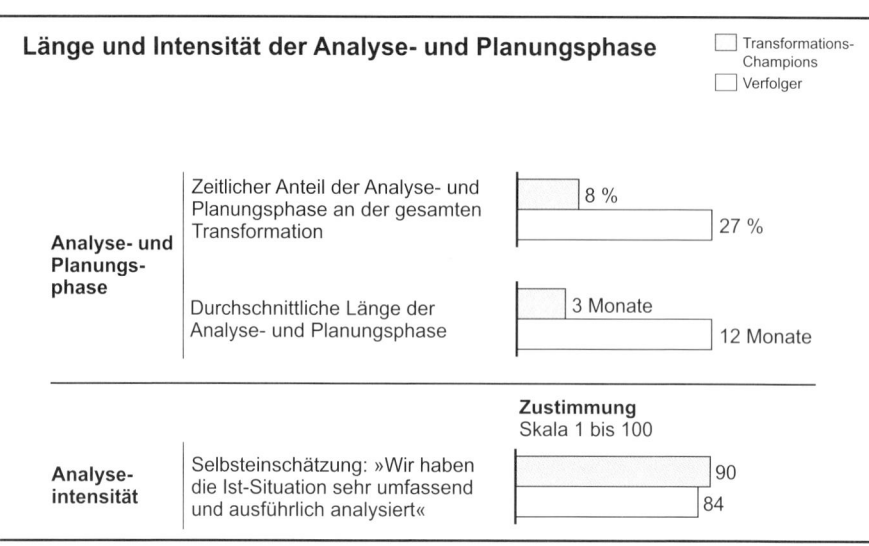

Abbildung 16

3.1 Die Supply-Chain-Analyse: kurz, aber effektiv

Eine Supply-Chain-Transformation beginnt mit der Analyse des Status quo. Hier gilt es zunächst, Fakten zusammenzutragen: Kennzahlen zur Supply-Chain-Leistung, Diagramme mit den aktuellen Abläufen, Informationen über die eingesetzten IT-Systeme et cetera. Dem folgt eine Einschätzung der derzeitigen Leistung der Lieferkette und ihrer Defizite. Dazu werden sinnvollerweise Gespräche mit Mitarbeitern aller relevanten Unternehmensbereiche geführt. Danach müssen Verbesserungspotenziale bestimmt, priorisiert und an den entscheidenden Problempunkten Ursachenanalysen durchgeführt werden. Dass dieser Analyseprozess nicht lange dauern muss, haben einige der Transformations-Champions bewiesen: Um einen umfassenden Einblick in die Leistung ihrer Supply-Chains zu bekommen und einen Handlungsplan aufzustellen, brauchten die Transformations-Champions nur wenige Monate. Auf den folgenden Seiten zeigen wir, wie Sie all das in drei Monaten schaffen können (siehe Abbildung 17), und gehen dabei insbesondere auf die Supply-Chain-Diagnose ein.

Schritt 1 – Vorbereitung. Bevor mit der eigentlichen Analysearbeit begonnen werden kann, ist zu klären, welche Bereiche im Unternehmen in die Untersuchung einbezogen werden sollen, woher die Informationen über diese Bereiche kommen könnten, und natürlich, wer die Analyse durchführen soll. Das sind die ersten Schritte, um die Analyse zielgerichtet und zügig voranzutreiben. In den folgenden Absätzen erläutern wir, was

Elemente einer dreimonatigen Analyse- und Planungsphase zur Transformation der Supply-Chain BEISPIEL

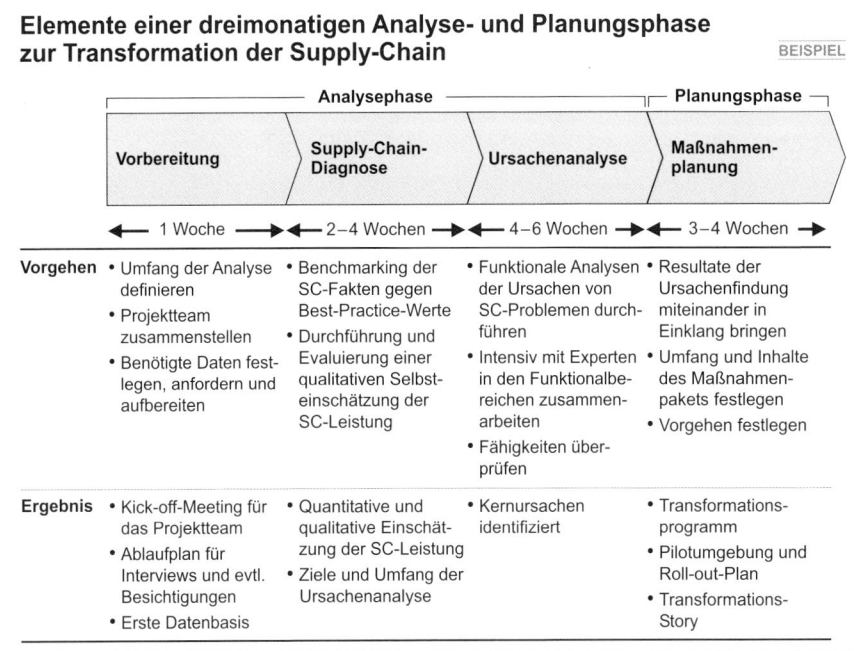

	Vorbereitung	Supply-Chain-Diagnose	Ursachenanalyse	Maßnahmen-planung
	◄— 1 Woche —►	◄— 2–4 Wochen —►	◄— 4–6 Wochen —►	◄— 3–4 Wochen —►
Vorgehen	• Umfang der Analyse definieren • Projektteam zusammenstellen • Benötigte Daten festlegen, anfordern und aufbereiten	• Benchmarking der SC-Fakten gegen Best-Practice-Werte • Durchführung und Evaluierung einer qualitativen Selbsteinschätzung der SC-Leistung	• Funktionale Analysen der Ursachen von SC-Problemen durchführen • Intensiv mit Experten in den Funktionalbereichen zusammenarbeiten • Fähigkeiten überprüfen	• Resultate der Ursachenfindung miteinander in Einklang bringen • Umfang und Inhalte des Maßnahmenpakets festlegen • Vorgehen festlegen
Ergebnis	• Kick-off-Meeting für das Projektteam • Ablaufplan für Interviews und evtl. Besichtigungen • Erste Datenbasis	• Quantitative und qualitative Einschätzung der SC-Leistung • Ziele und Umfang der Ursachenanalyse	• Kernursachen identifiziert	• Transformationsprogramm • Pilotumgebung und Roll-out-Plan • Transformations-Story

Abbildung 17

Sie sonst noch bei der Vorbereitung beachten sollten, um das Tempo zu halten und dennoch nichts Wichtiges zu übersehen.

Die gesamte Supply-Chain analysieren. Am Anfang einer Supply-Chain-Analyse stellt sich oft die Frage, welche Unternehmensbereiche eigentlich in die Untersuchung einbezogen werden sollen beziehungsweise welche Bereiche überhaupt unter den Begriff Supply-Chain fallen. Auch um diese Frage zu beantworten, hilft es, sich an den Transformations-Champions zu orientieren und die Lieferkette ganzheitlich zu betrachten. Die Analyse beginnt am besten mit demjenigen, für den die Supply-Chain letztendlich da ist, mit dem Kunden. Ausgehend von der Analyse des Kundenservicelevels (siehe Kapitel 1) geht es über die Auftragsabwicklung zur Produktionsplanung und weiter zum Management der Lieferanten bis schließlich zur physischen Distribution. Abschließend werden noch die Unterstützung der Supply-Chain-Prozesse durch den organisatorischen Aufbau sowie die funktionsübergreifende Ausrichtung der Supply-Chain-Ziele unter die Lupe genommen. Im Kasten »Die sieben Dimensionen der ganzheitlichen Supply-Chain-Analyse« haben wir diese Dimensionen aufgeführt und mit Beispielfragen hinterlegt. Eine Supply-Chain-Analyse sollte möglichst all diese Dimensionen einschließen, um einen umfassenden Eindruck vom Gesamtzustand der Supply-Chain zu vermitteln. Auch wenn Sie nur einzelne Dimensionen untersuchen möchten, müssen Sie entscheiden, welche Geschäftseinheiten dafür relevant sind und deshalb in die Analyse eingeschlossen werden sollen.

Die sieben Dimensionen der ganzheitlichen Supply-Chain-Analyse

Die folgenden sieben Dimensionen decken alle Bereiche der Supply-Chain aus Unternehmenssicht ab (siehe Abbildung 18). Um sich einen Überblick über die Problembereiche verschaffen zu können, die innerhalb der Dimensionen auftreten können, haben wir diese anhand von Beispielfragen illustriert.

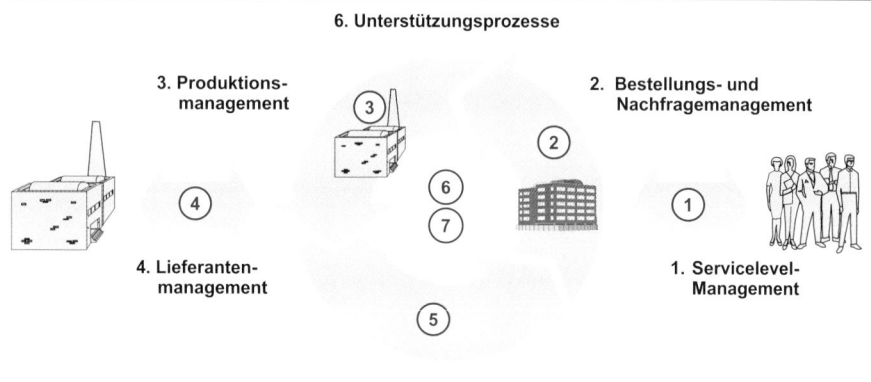

Abbildung 18

Dimension 1 – Servicelevel-Management:
- Gibt es eine Kunden- oder Servicelevel-Segmentierung? Ist sie allen Supply-Chain-Bereichen bekannt und wird sie konsequent umgesetzt?
- Werden Servicelevel und Kundenzufriedenheit systematisch gemessen und den verantwortlichen Bereichen regelmäßig mitgeteilt?

Dimension 2 – Bestellungs- und Nachfragemanagement:
- Gibt es eine nach Kunden differenzierte Bestellpolitik und wenn ja, wird sie den Kunden vermittelt?
- Beruht die Abverkaufsplanung nur auf Daten von Marketing und Vertrieb oder gibt es eine systematische, bereichsübergreifende Perspektive?
- Werden durch die Auftragsgenerierung und -abwicklung interne Bullwhip-Effekte[G] ausgelöst? Kommt es öfter zu »Feuerlöschaktionen« und hohen Beständswerten?

Dimension 3 – Produktionsmanagement:
- Ist die Produktionsplanung flexibel, zum Beispiel durch kurze Lieferzeiten?
- Gibt es eine Frozen Zone^G, in der Produktionspläne nicht mehr geändert werden?
- Gibt es Optimierungspläne für die kurzfristige Kapazitätsplanung?

Dimension 4 – Lieferantenmanagement:
- Wird die Leistung Ihrer Lieferanten von Roh-, Hilfs- und Betriebsstoffen systematisch gemessen und kontinuierlich überprüft?

Dimension 5 – Distributionsmanagement:
- Ist das Distributionsmanagement hinsichtlich Flexibilität und Effizienz an den Kundenbedürfnissen ausgerichtet?
- Tauschen die Standorte die Ergebnisse von Exzellenzinitiativen im Betrieb von Lagern und Distributionszentren untereinander aus?
- Gibt es im Transportbereich eine zentrale Frachtpolitik mit dem Ziel, die Logistikkosten zu senken?

Dimension 6 – Unterstützungsprozesse:
- Ist das Unternehmen noch eher funktional organisiert oder bereits in eine Supply-Chain-Organisation überführt?
- Gibt es unternehmensweit konsistente Prozesse und Kennzahlen?

Dimension 7 – Supply-Chain-Konfiguration:
- Wie transparent ist die Supply-Chain und wie gut sind die Geschäftseinheiten miteinander verknüpft?
- Sind die Ziele der Geschäftsbereiche aufeinander abgestimmt?

Vor Analysebeginn die Entscheider ins Boot holen. Bevor Sie mit der Analyse der von Ihnen ausgewählten Dimensionen beginnen, ist es wichtig, dass Sie sich der Unterstützung des Top-Managements, der zentralen Supply-Chain-Abteilung (wenn es eine solche gibt) und der zu untersuchenden Geschäftseinheiten versichern. Ohne diese Unterstützung wäre es schwierig, Interviewtermine, personelle Ressourcen und alle relevanten Informationen in einem angemessenen Zeitrahmen zu bekommen. Informieren Sie alle Ansprechpartner über die Ziele der Analyse und stellen Sie sich allen aufkommenden Fragen. Dabei können Sie auch gleich Interviewtermine mit den wichtigsten Wissensträgern und Entscheidern der einzelnen Dimensionen vereinbaren. Erstellen Sie bereits in der Vorbereitungsphase einen genauen Zeitplan für die Interviews und eventuelle Werks- oder Abteilungsbesichtigungen. Das zahlt sich später in der Analysephase aus. Auch das Team, das die Analyse durchführen soll, muss natürlich in der Vorbereitungsphase zusammengestellt und in den Zeitplan integriert werden.

Datenmaterial zusammentragen. Damit Sie einen Überblick über die aktuelle Supply-Chain-Leistung bekommen, muss zu Beginn der Analyse das verfügbare Datenmaterial zusammengetragen werden – in Form von Kennzahlen und qualitativen Informationen über den aktuellen Zustand der Supply-Chain. Um relevante Kennzahlen zu errechnen, benötigen Sie Daten zu den aktuellen Produktions-, Verwaltungs-, Einkaufs- und Logistikkosten sowie Bestandsdaten, aber auch aktuelle Umsatzzahlen und den Gewinn – all das in der Regel auf Ebene der Geschäftseinheiten. Diese Daten können Sie später auch für die Bestimmung der Verbesserungspotenziale nutzen. Ferner ist es natürlich wichtig herauszufinden, welche Kennzahlen rund um die Supply-Chain selbst existieren, wie oft sie erhoben werden und wie sie sich in den vergangenen Jahren entwickelt haben. Die Kennzahlen sollten die Kategorien Kosten, Service und Kapitalbindung abdecken (siehe Abbildung 19).

Supply-Chain-Faktenbuch zur Datenerhebung

A   Supply-Chain-Kennzahlen

	Kennzahl	Häufigkeit der Erhebung	Beschreibung/ Berechnung	Branchen- durchschnitt	Best Practice	Eigener Wert
Kosten	• OEE[G]	• Wöchentlich	• Tatsächliche Auslastung/ Geplante Auslastung	• 65 %	• 85 %	• 60 %
	• Nettoumlaufvermögen	• …	• …	• …	• …	• …
	• Lagerkosten	• …	• …	• …	• …	• …
Service	• OTIF[G]	• …	• …	• …	• …	• …
	• Prognosegenauigkeit	• …	• …	• …	• …	• …
	• Produktqualität	• …	• …	• …	• …	• …
Kapital- bindung	• Lagerreichweite	• …	• …	• …	• …	• …
	• Produktions-Lead-Time	• …	• …	• …	• …	• …
	• Auslieferungs- Lead-Time[G]	• …	• …	• …	• …	• …

B   Kosten-, Umsatz- und Ergebnisdaten

	Produktions- kosten	Administrations- kosten	Einkaufskosten	Kapitalkosten (Bestand)	Umsatz	EBITDA
Absoluter Jahreswert	…	…	…	…	…	…

Abbildung 19

Um diese Informationen zu erhalten, reicht ein kurzer Anruf in der Controllingabteilung wahrscheinlich nicht aus. Oft wissen nur bestimmte Personengruppen, wie sich einzelne Kennzahlen zusammensetzen; die verwendete Berechnungslogik für den Servicelevel kennen vielleicht nur zwei Mitarbeiter im ganzen Unternehmen. Ein kleiner Rundgang durch die an der Supply-Chain liegenden Funktionalbereiche (Marketing und Vertrieb, Controlling, Produktionsplanung, Produktion, Distribution, Einkauf et cetera) lohnt sich also. Außerdem vermittelt Ihnen dieser Rundgang schon einen guten ersten Eindruck vom Grad der abteilungsübergreifenden Informationstransparenz im Unternehmen.

Schritt 2 – Supply-Chain-Diagnose. Die im ersten Schritt erhobenen Daten sind die Basis für die anschließende Diagnose. Jetzt wird aufbauend auf quantitativen (Supply-Chain-Fakten) und qualitativen Daten (Selbsteinschätzung) bewertet, wie gut die Lieferkette in den sieben Dimensionen bisher arbeitet (Supply-Chain-Gütezustand). Speziell die Kosten- und Umsatzdaten werden zudem für die spätere Schätzung der Verbesserungspotenziale benötigt, während die Kennzahlen die Grundlage für die Definition der Zielwerte der Supply-Chain-Leistung liefern.

Benchmarking der ermittelten Kennzahlen. Im ersten Teil der Diagnose werden die aktuellen Branchen-Durchschnittswerte und Best-Practice-Werte für die Kennzahlen recherchiert, die zuvor als Supply-Chain-Faktenbasis erhoben wurden. Eine Betrachtung der Benchmarkwerte zeigt eventuelle Schwachstellen auf und ist hilfreich für die Quantifizierung der Verbesserungspotenziale. Die Benchmarkwerte können sowohl interne Werte sein, zum Beispiel aus anderen Werken oder Geschäftseinheiten des Unternehmens, als auch externe Werte, zum Beispiel von anderen Unternehmen der Branche.

Ausführliche Interviews mit Mitarbeitern. Parallel zum Aufbau der Faktenbasis und der Recherche der Benchmarkwerte stehen Gespräche mit Mitarbeitern entlang der Lieferkette an. Schließlich ist das primäre Ziel der Supply-Chain-Diagnose, die aktuelle Supply-Chain-Gütestufe zu bestimmen (siehe Kasten »Die vier Supply-Chain-Gütestufen«). Gute Gesprächspartner für die ersten, ausführlichen Interviews sind insbesondere die Leiter der einzelnen Funktionalbereiche. Solch ein Interview, in dem die aktuelle Situation genau erfasst werden soll, kann durchaus zwei bis drei Stunden dauern. Zusätzlich zu den Interviews lohnen sich Gespräche mit operativen Mitarbeitern, zum Beispiel anlässlich Ihres Rundgangs durch die Abteilungen. Notieren Sie dabei Ihre wichtigsten Eindrücke am besten sofort nach den Gesprächen und fassen Sie sie am Ende des Arbeitstags zusammen. Gerade hier kann das kleinste Gesprächsdetail besonders aufschlussreich sein.

Die vier Supply-Chain-Gütestufen

Um innerhalb der sieben Supply-Chain-Dimensionen festzustellen, wo es noch Verbesserungsbedarf gibt, können vier Gütestufen definiert werden, die den Ist-Zustand der Supply-Chain beschreiben: von der produktionsorientierten hin zur funktions- und unternehmensübergreifenden/kundenorientierten Supply-Chain.

Gütestufe 1 – Brandbekämpfung. Eine funktional aufgebaute Organisation mit starken Begrenzungen ihrer Handlungsmöglichkeiten und vielen operativen Problemen im Tagesgeschäft.

Gütestufe 2 – Stabilität der Logistik. Stabiler Betrieb der physischen Logistik (zum Beispiel im Transportbereich) mit funktionalem, das heißt nicht funktionsübergreifendem Fokus der Optimierung.

Gütestufe 3 – Integration von Anfang bis Ende. Verlässliche Supply-Chain, die in Bezug auf Markt- und Geschäftserfordernisse optimiert ist und Kunden und Lieferanten prozessual integriert.

Gütestufe 4 – Differenzierung anhand der Kunden. Supply-Chain, die die Eigenschaften der vorhergehenden Gütestufe noch dahingehend erweitert, dass sie gemäß den Erfordernissen individueller Kunden optimiert wurde.

Gütestufe bestimmen. Am Ende dieser Informationssammlung sollten Sie wissen, auf welcher Gütestufe sich Ihre Supply-Chain derzeit befindet und wie sich dies in den verwendeten Prozessen, Systemen und Verhaltensweisen widerspiegelt. Sie können auch schon erste Hypothesen aufstellen, was man konkret tun müsste, um auf die jeweils nächsthöhere oder die allerhöchste Stufe zu springen. Dafür vergleichen Sie die Ergebnisse der Interviews mit den Beschreibungen der einzelnen Gütestufen in Abbildung 20 und versuchen abzuschätzen, auf welcher Stufe sich Ihre Lieferkette in den einzelnen Supply-Chain-Dimensionen befindet.

Verbesserungspotenziale erkennen. Nachdem Sie nun bestimmt haben, auf welcher Gütestufe sich Ihre Lieferkette in den jeweiligen Dimensionen befindet, ist es natürlich interessant zu erfahren, wie es möglich ist, Verbesserungspotenziale durch Stufensprünge zu erschließen. Im Folgenden beschreiben wir, wie sich Verbesserungen erreichen lassen und auf welche Daten und Kennzahlen sich die Verbesserungen auswirken. Danach gehen wir auf die Priorisierung der Potenziale ein. Um die Potenziale genau berechnen zu können, benötigen Sie allerdings Benchmarkwerte von vergleichbaren Unternehmen, deren Supply-Chain sich bereits auf einer höheren Stufe befindet.

Servicelevel-Management. Je höher die Verlässlichkeit der Auftragserfüllung durch weniger verspätete Lieferungen ist, desto höher wird mittelfristig das Abverkaufvolumen; damit steigt auch der Umsatz. Verbesserungen im Bereich des Servicelevel-Managements wirken sich also

Ausprägungen der Supply-Chain-Gütestufen in den einzelnen Supply-Chain-Dimensionen

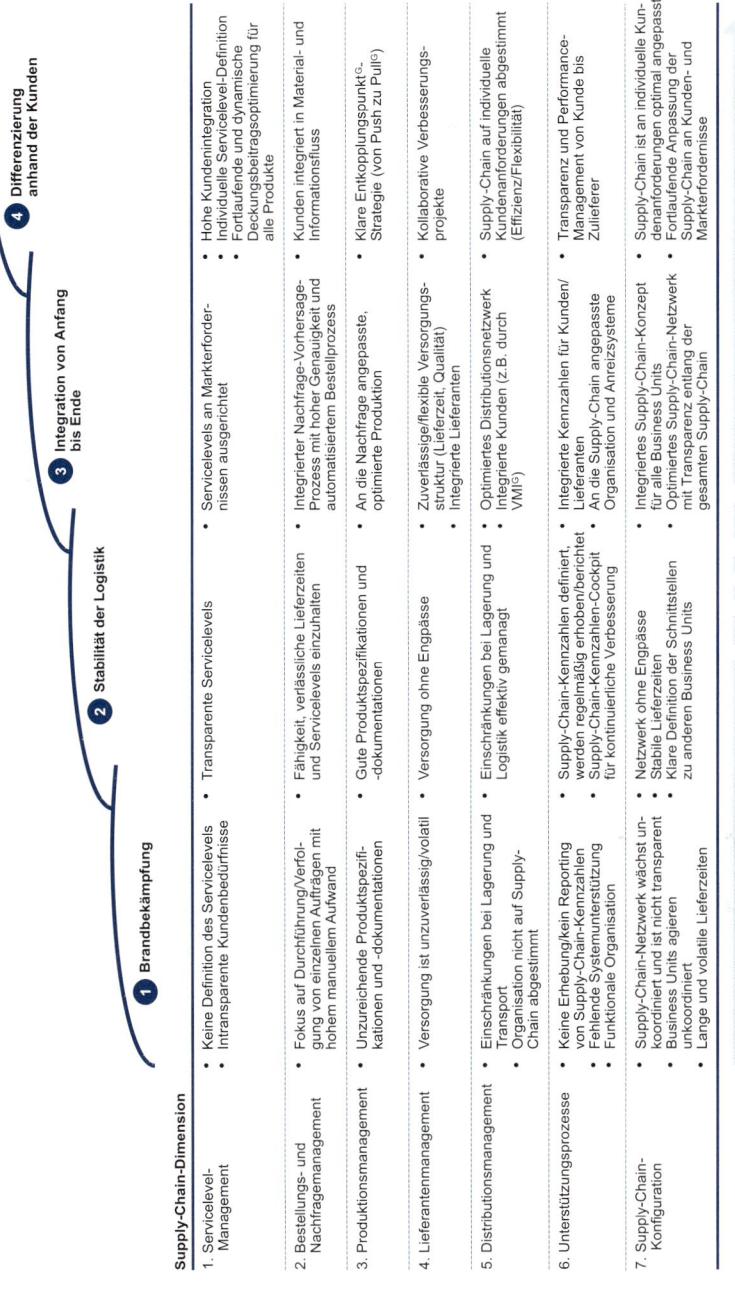

Supply-Chain-Dimension	① Brandbekämpfung	② Stabilität der Logistik	③ Integration von Anfang bis Ende	④ Differenzierung anhand der Kunden
1. Servicelevel-Management	• Keine Definition des Servicelevels • Intransparente Kundenbedürfnisse	• Transparente Servicelevels	• Servicelevels an Markterfordernissen ausgerichtet	• Hohe Kundenintegration • Individuelle Servicelevel-Definition • Fortlaufende und dynamische Deckungsbeitragsoptimierung für alle Produkte
2. Bestellungs- und Nachfragemanagement	• Fokus auf Durchführung/Verfolgung von einzelnen Aufträgen mit hohem manuellem Aufwand	• Fähigkeit, verlässliche Lieferzeiten und Servicelevels einzuhalten	• Integrierter Nachfrage-Vorhersage-Prozess mit hoher Genauigkeit und automatisiertem Bestellprozess	• Kunden integriert in Material- und Informationsfluss
3. Produktionsmanagement	• Unzureichende Produktspezifikationen und -dokumentationen	• Gute Produktspezifikationen und -dokumentationen	• An die Nachfrage angepasste, optimierte Produktion	• Klare Entkopplungspunkt[G]-Strategie (von Push zu Pull[G])
4. Lieferantenmanagement	• Versorgung ist unzuverlässig/volatil	• Versorgung ohne Engpässe	• Zuverlässige/flexible Versorgungsstruktur (Lieferzeit, Qualität) • Integrierte Lieferanten	• Kollaborative Verbesserungsprojekte
5. Distributionsmanagement	• Einschränkungen bei Lagerung und Transport • Organisation nicht auf Supply-Chain abgestimmt	• Einschränkungen bei Lagerung und Logistik effektiv gemanagt	• Optimiertes Distributionsnetzwerk • Integrierte Kunden (z.B. durch VMI[G])	• Supply-Chain auf individuelle Kundenanforderungen abgestimmt (Effizienz/Flexibilität)
6. Unterstützungsprozesse	• Keine Erhebung/kein Reporting von Supply-Chain-Kennzahlen • Fehlende Systemunterstützung • Funktionale Organisation	• Supply-Chain-Kennzahlen definiert, werden regelmäßig erhoben/berichtet • Supply-Chain-Kennzahlen-Cockpit für kontinuierliche Verbesserung	• Integrierte Kennzahlen für Kunden/Lieferanten • An die Supply-Chain angepasste Organisation und Anreizsysteme	• Transparenz und Performance-Management von Kunde bis Zulieferer
7. Supply-Chain-Konfiguration	• Supply-Chain-Netzwerk wächst unkoordiniert und ist nicht transparent • Business Units agieren unkoordiniert • Lange und volatile Lieferzeiten	• Netzwerk ohne Engpässe • Stabile Lieferzeiten • Klare Definition der Schnittstellen zu anderen Business Units	• Integriertes Supply-Chain-Konzept für alle Business Units • Optimiertes Supply-Chain-Netzwerk mit Transparenz entlang der gesamten Supply-Chain	• Supply-Chain ist an individuelle Kundenanforderungen optimal angepasst • Fortlaufende Anpassung der Supply-Chain an Kunden- und Markterfordernisse

Vom Produktions-/Materialfokus ...   ... zum Supply-Chain-/Kundenfokus

Abbildung 20

hauptsächlich positiv auf den Umsatz aus. Beim Sprung auf die höchste Gütestufe verschaffen differenzierte Servicelevel für einzelne Kunden und eine exzellente Verlässlichkeit in der Auftragserfüllung einen so deutlichen Vorsprung im Wettbewerb, dass sogar Preiserhöhungen und damit weitere Umsatzsteigerungen möglich werden.

Bestellungs- und Nachfragemanagement. Verbesserungen im Bestellungs- und Nachfragemanagement lassen sich durch Reduzierung der administrativen Kosten erreichen; beim Verlassen der untersten Gütestufe zum Beispiel durch eine signifikante Reduzierung von Feuerlöschaktionen bei der Auftragserfüllung. Mit dem Sprung auf die nächste Gütestufe glänzt das Bestellungs- und Nachfragemanagement mit stabilen, automatisierten Prozessen, in die nur noch in Ausnahmefällen eingegriffen werden muss. Maximale Verbesserungspotenziale ergeben sich bei Erreichen der letzten Stufe, und zwar durch enge Kooperationen mit Kunden, unter anderem bei der gemeinsamen Optimierung von Schnittstellen.

Produktionsmanagement. Verbesserungen im Produktionsmanagement senken die Produktionskosten. Erste Einsparungen ergeben sich beim Sprung von der ersten zur zweiten Gütestufe durch die Reduzierung von Feuerlöschaktionen, wie etwa dem Ändern von Produktionsplänen in letzter Minute oder der ständigen Nachverfolgung von Aufträgen. Beim nächsten Stufensprung tragen vor allem eine höhere Auslastung und ein geringerer Planungsaufwand durch die erhöhte Transparenz der Prozesse zu den Einsparungen bei. Auf dem Sprung zur höchsten Gütestufe ist auch wieder erhöhte Transparenz der Grund für Kosteneinsparungen, diesmal aber in Bezug auf die Prioritäten einzelner Kunden.

Lieferantenmanagement. Im Bereich Lieferantenmanagement können durch exzellentes Supply-Chain-Management die Einkaufskosten gesenkt werden. Auch hier geschieht dies beim Sprung von der ersten zur zweiten Gütestufe durch eine Reduzierung von Feuerlöschaktionen (zum Beispiel wegen ungeplanter Materialengpässe), beim Sprung auf die dritte Stufe durch reduzierte Bestände dank verlässlicher Daten und transparenter Einkaufsprozesse. Der Sprung auf die letzte Stufe und die damit verbundenen Einsparungen sind möglich durch Kooperationen und Formen der Prozessintegration mit Zulieferern, wie Supplier Managed Inventory[G] (SMI) oder Konsignationslager[G].

Distributionsmanagement. Im Distributionsmanagement gibt es zwei wesentliche Potenzialquellen: die Senkung der Kapitalkosten über eine Optimierung der Bestände und die Senkung der Logistikkosten.

Die Kapitalkosten können schon auf der untersten Stufe, beispielsweise durch eine Reduzierung der langsam drehenden Lagerartikel, verringert werden. Auf dem Sprung zur dritten Gütestufe ist eine Lagerhaltungspolitik, die an die Unsicherheit von Nachfrage und Nachschub angepasst ist, der entscheidende Bestandsreduzierer. Um den Sprung auf die höchste Stufe in puncto Bestandsoptimierung zu schaffen, ist der Einsatz fortgeschrittener Verfahren notwendig, zum Beispiel das möglichst späte Differenzieren von Produkten für einzelne Kunden, die optimierte Zuordnung von Beständen zu den unterschiedlichen Etappen entlang der Supply-Chain oder eine dynamische Bestandsanpassung auf der Grundlage von differenzierten Servicelevels für Kunden und Produkte.

Logistikkosten können beim ersten Stufensprung gewöhnlich bereits durch Reduzieren unplanmäßiger Transporte gespart werden. Beim Sprung auf die dritte Gütestufe ergibt sich die Verbesserung durch Integrieren der Kunden in das Logistiknetzwerk und eine bessere Auslastung der Flotte, indem die Kapazitäten an die Nachfrage angepasst werden. Die höchste Stufe erreichen Sie hier, indem Sie zusätzlich einen Großteil Ihrer Logistikprozesse auslagern, zum Beispiel die Lagerverwaltung und den physischen Transport.

Unterstützungsprozesse und Supply-Chain-Konfiguration. In diesen beiden Dimensionen geht es darum, auch langfristig die richtigen Rahmenbedingungen für ein erfolgreiches Zusammenspiel der anderen fünf Dimensionen zu gewährleisten. Denn wenn die Rahmenbedingungen stimmen, sind zusätzliche Kostensenkungen und Umsatzsteigerungen möglich. Diesen Effekt zu quantifizieren, ist allerdings sehr schwierig.

Potenziale priorisieren. Bevor man nun beginnen kann, aus den Erkenntnissen der Supply-Chain-Diagnose ein Verbesserungsprogramm oder konkrete einzelne Verbesserungsprojekte abzuleiten (damit beschäftigen wir uns in Kapitel 4), müssen erst die Ursachen für die bisherige schlechte oder verbesserungswürdige Leistung identifiziert werden. Zunächst sollten die Ursachen dort untersucht werden, wo die Defizite und die Verbesserungspotenziale besonders groß sind – wenn nötig, differenziert nach einzelnen Geschäftseinheiten. Für die Priorisierung sollten sinnvollerweise in allen Dimensionen Sprünge auf die gleiche Gütestufe angestrebt werden, anstatt zum Beispiel nur in einer Dimension der Sprung von Stufe 1 auf Stufe 4 – und zwar deshalb, weil alle Dimensionen durch die Supply-Chain-Prozesse miteinander verknüpft sind und das Zusammenspiel der sieben Dimensionen die Gesamtleistung der Supply-Chain bestimmt.

Schritt 3 – Ursachenanalyse. Die Durchführung der zuvor beschriebenen Diagnose dauert je nach Umfang und Größe des Projektteams zwei bis vier Wochen. Dank der Untersuchungsergebnisse haben Sie bereits einen guten Überblick über den aktuellen Stand Ihrer Lieferkette und die entscheidenden Verbesserungspotenziale bekommen; sie sind auch die

Basis für das sich anschließende Verbesserungsprogramm. Die priorisierten Dimensionen, in denen Defizite und Potenziale besonders groß sind, müssen im Folgenden detailliert analysiert werden. So können die tatsächlichen Ursachen für Defizite erkannt und daraus Lösungsmöglichkeiten abgeleitet werden. Wie der Konsumgüterhersteller Gillette die Detailanalyse umgesetzt hat, beschreiben wir im Kasten »Supply-Chain-Turnaround bei Gillette« in diesem Kapitel. Weitere wichtige Hilfsmittel, um den Ursachen von Problemen auf den Grund zu gehen, sind die Ist-/Ist-nicht-Matrix, die Fünfmal-Warum-Analyse, das Fischgrätendiagramm, das Prozesskontrolldiagramm und die Material- und Informationsflussanalyse.

Ist-/Ist-nicht-Matrix. Bevor ein Problem gelöst werden kann, muss es exakt definiert werden. Die Ist-/Ist-nicht-Matrix hilft hierbei (siehe Abbildung 21). Dabei wird für die Fragen nach dem Was, Wo, Wann und dem Ausmaß des Problems jeweils in einer Spalte festgehalten, was ist und was nicht ist. Idealerweise wird in einer dritten Spalte direkt die Schlussfolgerung ergänzt.

Ist-/Ist-nicht-Matrix			BEISPIEL
	Ist Beschreibung, was passierte ist	**Ist nicht** Beschreibung, was nicht passierte, aber möglich war	**Daher ...** Was folgt hieraus?
Was ... ... passierte? ... oder wer war beteiligt?	• Servicelevel um 5 Prozentpunkte gefallen	• Keine weiteren Beeinträchtigungen	
Wo ... ... trat das Problem auf?	• Region Südeuropa bei Produkt A	• Keine andere Region	• Nur Südeuropa betroffen
Wann ... ... trat das Problem auf? Wann zuerst? Wie lange? Gibt es Muster?	• Seit Mitte Juli • Insbesondere an heißen Tagen	• Kein kontinuierliches Problem	• Hängt mit hohen Temperaturen zusammen
Ausmaß des Problems Ist es ein ernsthaftes Problem? Was ist alles betroffen?	• Qualität von Produkt A unzureichend • Kühlung fällt unter kritische Grenze	• Keine weitere Beeinträchtigung außer der Kühlung	• Kühlung funktioniert an warmen Tagen nicht

Abbildung 21

Fischgrätendiagramm. Abbildung 22 zeigt ein Fischgrätendiagramm, auch Ursache-Wirkungs-Diagramm genannt. Das Fischgrätendiagramm erleichtert und visualisiert die Ursachenanalyse. Es wurde von Kaoru Ishikawa, einem Pionier des japanischen Qualitätsmanagements, entwickelt. Die möglichen Ursachen eines Problems werden in einer Form dargestellt, die dem Skelett eines Fischs ähnelt. Sind die vermuteten Hauptursachen notiert, sollten sie in einem weiteren Schritt detailliert werden.

Fischgrätendiagramm

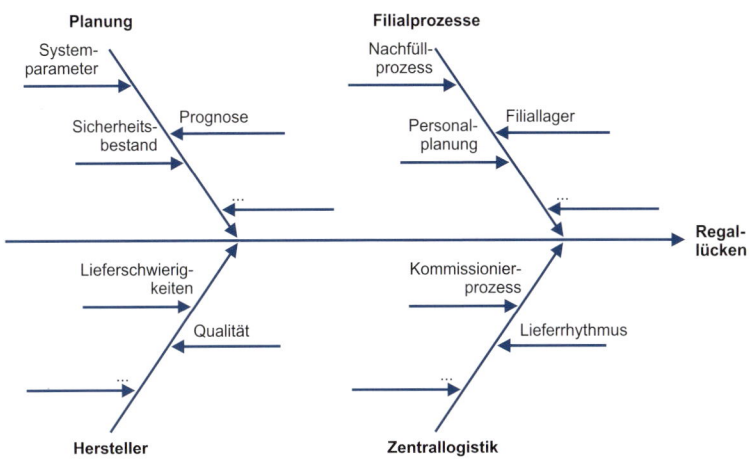

Abbildung 22

Fünfmal-Warum-Analyse. Die »Fünfmal-Warum-Analyse« ist ein Problemlösungsansatz, der von dem Toyota-Gründer Sakichi Toyoda entwickelt wurde. Ziel ist es, über fünfmaliges Fragen nach dem Grund eines Problems seine wahre Ursache zu identifizieren (siehe Abbildung 23). Warum fünfmal? Weil üblicherweise nach fünf Iterationen der Kern des Problems gefunden wurde.

Prozesskontrolldiagramm. Ein Prozesskontrolldiagramm ist eine statistische Methode zur Überwachung von Abweichungen (Variation) in Prozessen; entwickelt wurde die Methode in den 20er-Jahren von Walter A. Shewhart, einem Ingenieur der Bell Labs. Sie hilft dabei, eine außergewöhnliche Variation von der normalen zu unterscheiden. Voraussetzung ist eine Zeitreihe mit Daten. Dies kann zum Beispiel die Temperatur eines chemischen Prozesses oder die Verräumleistung in der Filiale (in Artikel pro Stunde) sein. Wie in Abbildung 24 zu sehen ist, werden in dem Diagramm der Mittelwert sowie eine obere und untere Grenze eingetragen. Die Grenzen hängen vom Prozess beziehungsweise der Art des untersuchten Problems ab. Jedes Mal, wenn nun eine Beobachtung außerhalb dieser Grenzen liegt, ist ein außergewöhnliches Ereignis eingetreten. Dieses muss anschließend detailliert analysiert werden.

Fünfmal-Warum-Analyse

Was ist passiert?	Warum?	Warum?	Warum?	Warum?	…	Mögliche Gegenmaßnahmen
Hohe Anzahl Überstunden im Transportbereich	Mangel an Arbeitskräften	Ausleihe Mitarbeiter an andere Bereiche →	Nachfragen →	Keine Toleranz von Überstunden		Neuer Prozess für Ausleihe Mitarbeiter
		Hoher Krankenstand →	Kaltes Wetter			Schutzimpfung
		Falsche Planung →	Neuer Planer			Training
	Materialbereitstellung funktioniert nicht	Formular nicht ausgefüllt →	Keine Kopien verfügbar			Täglich Bestand prüfen
		Stapler nicht verfügbar	Fahrer fehlen	Einsatzplanung nicht optimal		Mindestens drei Fahrer pro Schicht einplanen
				Anzahl Mitarbeiter mit Führerschein zu gering		Zusätzliche Mitarbeiter zu Fahrern ausbilden
			Stapler fehlen →	Prüfen		

Abbildung 23

Prozesskontrolldiagramm

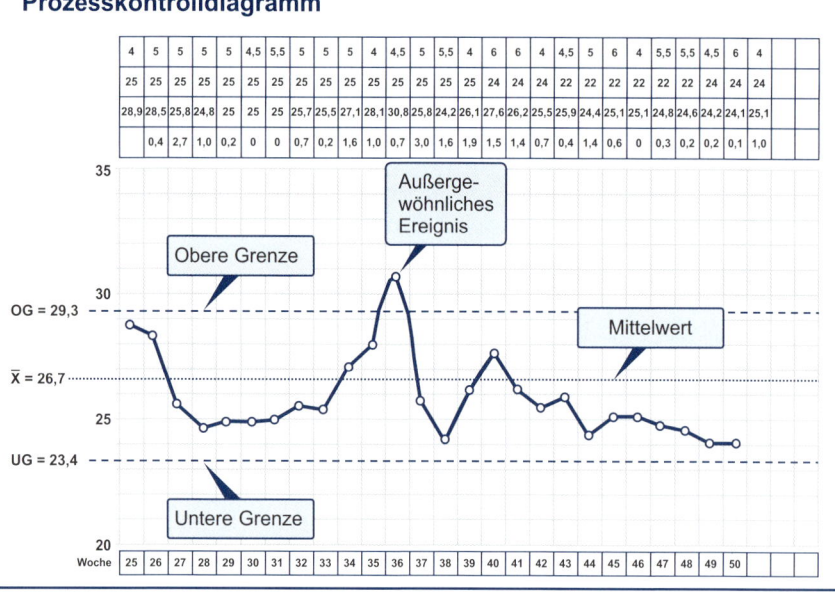

4	5	5	5	5	4,5	5,5	5	5	5	4	4,5	5	5,5	4	6	6	4	4,5	5	6	4	5,5	5,5	4,5	6	4
25	25	25	25	25	25	25	25	25	25	25	25	25	25	25	24	24	24	22	22	22	22	22	24	24	24	
28,9	28,5	25,8	24,8	25	25	25	25,7	25,5	27,1	28,1	30,8	25,8	24,2	26,1	27,6	26,2	25,5	25,9	24,4	25,1	25,1	24,8	24,6	24,2	24,1	25,1
	0,4	2,7	1,0	0,2	0	0	0,7	0,2	1,6	1,0	0,7	3,0	1,6	1,9	1,5	1,4	0,7	0,4	1,4	0,6	0	0,3	0,2	0,2	0,1	1,0

Außergewöhnliches Ereignis

Obere Grenze

OG = 29,3

$\bar{X}$ = 26,7

Mittelwert

UG = 23,4

Untere Grenze

| Woche | 25 | 26 | 27 | 28 | 29 | 30 | 31 | 32 | 33 | 34 | 35 | 36 | 37 | 38 | 39 | 40 | 41 | 42 | 43 | 44 | 45 | 46 | 47 | 48 | 49 | 50 | | |

Abbildung 24

Material- und Informationsflussanalyse (MIFA). Ein weiteres wichtiges Hilfsmittel, mit dem die komplexen Supply-Chain-Prozesse in der Ursachenanalyse näher beleuchtet werden können, ist die MIFA. Die MIFA ist eine einfache grafische Darstellung des Wegs, den die Produkte und Informationen zurücklegen – vom Hersteller bis zum Kunden. Sie macht auch deutlich, wo der Waren- und Informationsfluss unterbrochen oder gestört wird. Ein deutscher Betreiber von Verbrauchermärkten beispielsweise verwendete die MIFA, um gemeinsam mit den Mitarbeitern der Filiale, des Lagers und der zentralen Steuerung die Ursachen von Überbeständen und Regallücken in den Filialen zu identifizieren (siehe Abbildung 25). Dem Händler ist es gelungen, anhand der MIFA ein Szenario für die zukünftigen Material- und Informationsflüsse zu entwerfen, das an allen ursprünglichen Schwachstellen der Lieferkette ansetzt. Gleichzeitig hat er einige »Quick Wins« identifiziert. So war beispielsweise den Mitarbeitern der Filiale nicht bewusst, dass ein Großteil der verspäteten Lieferungen nicht auf den Kommissionierprozess, sondern auf Fehler bei der Nachbestellung zurückzuführen war. Deshalb achteten sie in der Folge darauf, rechtzeitig und gleichmäßiger zu ordern; dadurch sank die Anzahl der verspäteten Lieferungen um 90 Prozent. Tipps, wie Sie selbst eine MIFA erstellen können, finden Sie im Kasten »MIFA – die gesamte Supply-Chain auf einem Blatt Papier«.

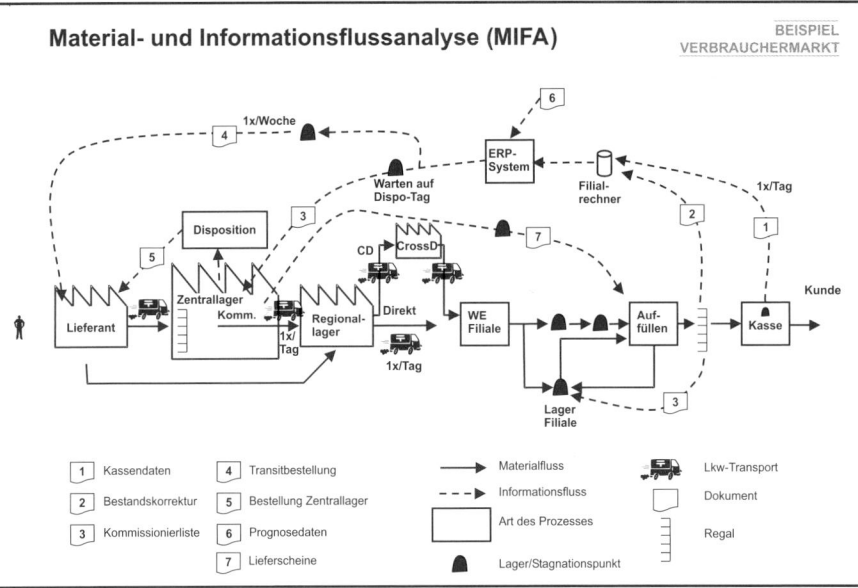

Material- und Informationsflussanalyse (MIFA) BEISPIEL VERBRAUCHERMARKT

Abbildung 25

Fähigkeiten untersuchen. Ein weiteres wichtiges Element der Ursachenanalyse ist die Untersuchung der Fähigkeiten der Mitarbeiter, die im Unternehmen auf den verschiedenen Etappen der Supply-Chain arbeiten. Dafür ist ein Soll-Ist-Vergleich sinnvoll: Der angestrebte künftige Zustand der Supply-Chain wird dem Status quo gegenübergestellt; dabei wird geschaut, welche Defizite die Mitarbeiter aktuell daran hindern, das Unternehmen dabei zu unterstützen, den Zielzustand der Supply-Chain zu erreichen. Wie eine solche Untersuchung durchgeführt und darauf aufbauend ein Trainingsprogramm zusammengestellt und umgesetzt werden kann, beschreiben wir in Kapitel 7.

MIFA – die gesamte Supply-Chain auf einem Blatt Papier

Toyota profitiert schon seit den 50er-Jahren vom Einsatz der MIFA. Der Ingenieur Taiichi Ohno hatte erkannt, dass Verschwendung nicht auf einen Blick sichtbar ist, insbesondere nicht bei örtlich voneinander getrennten Produktionsschritten. Er entwickelte deshalb die MIFA als Standardmethode für die visuelle Darstellung von Material- und Informationsflüssen. Die MIFA ist seither in vielen führenden Industrieunternehmen das Standardwerkzeug für die Visualisierung der Supply-Chain.

Aber auch in Handelsunternehmen kann die MIFA eingesetzt werden. Auf einem einzigen Blatt Papier lässt sich so die gesamte Supply-Chain eines Einzelhändlers abbilden. Durch Pfeile und Linien wird sowohl der Fluss der Ware vom Lieferanten über die Lagerstandorte bis ins Regal dargestellt als auch der Fluss von Informationen vom Kunden zurück zum Hersteller.

Einige wenige standardisierte Symbole kennzeichnen die Lager- oder Stagnationspunkte, wichtige Prozesse und benötigte Dokumente. Ausgehend vom Kunden können so Schwachstellen im gesamten System identifiziert werden. Über den Ort der Verschwendung hinaus wird dank der vernetzten Darstellung auch sofort die Ursache dafür deutlich. Die Darstellung ist gut verständlich, so dass alle beteiligten Mitarbeiter anschließend Schwachstellen in ihrem Bereich erkennen und Ideen für die Verbesserung entwickeln können. Nutzt man die MIFA in Abbildung 25 beispielsweise, um im Handel die Gründe für Regallücken zu finden, so kann es hilfreich sein, sowohl die einzelnen Stagnationspunkte der Ware auf dem Weg ins Regal als auch den Informationsfluss der Nachbestellung genau zu betrachten.

So erstellt man eine MIFA:

- Ein Produkt oder eine Produktkategorie auswählen und Interviews mit einigen wenigen Mitarbeitern aus an den Prozessen beteiligten Bereichen führen, um folgende Informationen zu erhalten: Ausgangs- und Endpunkt sowie Frequenz des Warenflusses, wichtige Stationen des Warenflusses, beteiligte Bereiche und Personen sowie verwendete Methoden und Hilfsmittel.
- Den detaillierten physischen Materialfluss visualisieren, Distanzen, Volumina, Bearbeitungspunkte, Bestände und Frequenzen darstellen. Dabei ist es oft hilfreich, den physischen Materialfluss selbst abzuschreiten.
- Die notwendigen Informationen beziehungsweise Daten für jeden Schritt des physischen Materialflusses identifizieren.

- Informationsquellen erfassen, Pfad grafisch zurückverfolgen.
- Darstellung des Ist-Zustands gemeinsam mit den Mitarbeitern überprüfen, die in den jeweiligen Prozessen tätig sind.
- Hypothesen sammeln, Möglichkeiten für eine Vereinfachung des Material- und Informationsflusses einzeichnen.

Schritt 4 – Maßnahmenplanung. Nachdem die Ursachen für Probleme in den sieben Supply-Chain-Dimensionen aufgedeckt sind, können Sie nun ein wirkungsvolles Maßnahmenpaket zur Behebung der in Schritt 2 erkannten Defizite und Potenziale schnüren. Diesem Thema haben wir wegen seiner Wichtigkeit ein eigenes Kapitel gewidmet, das Kapitel 4. Neben dem Was ist auch das Wie entscheidend: Wie soll das Verbesserungsprogramm am besten getestet und in der gesamten Organisation eingeführt werden? Mit diesem Thema beschäftigen wir uns in den weiteren Abschnitten dieses Kapitels.

Supply-Chain-Turnaround bei Gillette: Analysephase

Gillette wurde 1901 als Hersteller von Sicherheitsrasierklingen gegründet und entwickelte sich in den folgenden Jahrzehnten zu einem der weltweit führenden Hersteller von Konsumgütern im Bereich Rasur, Batterien und Mundhygiene. Unter dem Firmendach fanden sich neben den bekannten Gillette-Rasierklingen Marken wie Braun, Duracell und Oral-B. Im Oktober 2005 wurde Gillette von der Procter & Gamble Co. aufgekauft; dadurch entstand das weltgrößte Unternehmen für Pflege- und Haushaltsprodukte mit 138.000 Mitarbeitern und einem Umsatz von 68 Milliarden US-Dollar im Jahr 2006.

2002 sah die Situation bei Gillette im Bereich Kundenservice gar nicht gut aus: Der Servicelevel lag nur bei 80 bis 90 Prozent und damit weit entfernt von den angestrebten 98 Prozent. Die Folge: enttäuschte Kunden. Dabei war die Nachfrage nach Produkten von Gillette eigentlich sehr stabil – irgendetwas funktionierte einfach nicht bei der Belieferung der Einzelhändler; viele Lieferungen kamen nicht pünktlich an. Als Reaktion auf die nicht zufriedenstellende Situation drängte James M. Kilts auf rasche Verbesserungen im Supply-Chain-Bereich, nannte den schwachen Kundenservice gar seine »number-one frustration«. Frustriert war auch der Vertrieb, der mit seinen Kunden weit häufiger über nicht erfüllte Aufträge als über die Produkte selbst sprechen musste. Ähnlich ging es den Supply-Chain-Managern, die sich bei den hohen Beständen nicht erklären konnten, warum das Produkt nicht beim Kunden ankam.

Im Laufe der folgenden 18 Monate schaffte es Gillette in Nordamerika, seinen Servicelevel um zehn Prozentpunkte zu erhöhen, bei gleichzeitiger Bestandsreduktion um 25 Prozent und einer Senkung der Logistikkosten um drei Prozent. Das war Weltklasse. Gleichzeitig konnte Gillette durch das Verbesserungsprogramm viel Anerkennung bei seinen Kunden ernten. Von Wal-Mart beispielsweise wurde Gillette zum »Lieferant des Jahres 2003« gekrönt. Aber auch organisatorisch hat sich einiges geändert: Der Vertrieb kann sich seit der Umsetzung der Veränderungsmaßnahmen voll darauf konzentrieren, neue Produkte zu verkaufen, anstatt sich gegenüber verärgerten Kunden rechtfertigen zu müssen.

Im Folgenden wird beschrieben, wie es Gillette gelungen ist, den Sprung vom Underperformer zum Branchenprimus zu schaffen, gegliedert in zwei Teile – die Analysephase (gleich im Anschluss an diese Einleitung) und die Phase der Programmplanung und -umsetzung (als Fortsetzung dieses Kastens in Kapitel 4).

Am Anfang der Verbesserungsbemühungen bei Gillette stand ein Berg von Problemen: Produkte, die eigentlich auf Lager waren, wurden in jedem dritten Fall nicht ausgeliefert; Kunden bestellten ausgelaufene Produkte anstatt der neueren Varianten; Abweichungen bei den Bezeichnungen in den Kundenlisten gegenüber den Stammdaten verhinderten die weitere Bearbeitung von Bestellungen. Die Folge solcher Vorkommnisse war eine wiederholte Aufstockung der Bestände als Versuch, den Kundenservice hoch zu halten.

Unter der Schirmherrschaft des Präsidenten von Gillette, Edward F. DeGraan, wurde ein Projektteam zusammengestellt; dessen Ziele wurden zusammen mit dem Senior Vice President des weltweiten Supply-Chain-Managements, Mike Cowhig, und dem Vice President Operations für die Region Nordamerika, Joe Dooley, festgelegt und abgestimmt.

Benchmarking mit dem Wettbewerb. Um herauszufinden, wie schlimm die Lage wirklich war, wurde zunächst ein Benchmarking mit den wichtigsten Wettbewerbern durchgeführt, darunter Procter & Gamble, Colgate und Unilever (siehe Abbildung 26). Dafür interviewte das Projektteam Kunden und sprach mit ihnen über quantitative Kennwerte wie Kundenservice, Lagerbestände und Kosten. Im eigenen Unternehmen führte das Team Gespräche mit Abteilungsleitern und Experten aus Vertrieb, Marketing und Produktion. Von beiden Seiten war das Feedback ernüchternd.

Das Projektteam fand heraus, dass Gillette nicht nur einen der niedrigsten Lagerumschlagswerte in der Branche hatte, sondern auch, dass der Wettbewerb seine Lager im Schnitt sogar mehr als 50 Prozent schneller umschlug. Gillettes First Ship Fill Rate[G] betrug in keiner Geschäftseinheit mehr als 95 Prozent. In einer Benchmark-Studie aus dem Jahr 2000 lag Gillette mit seiner Fill Rate gar auf Platz 35 von 36 Teilnehmern. Ähnlich schnitt Gillette bei der Order-Cycle-Time[G] ab, bei der das Unternehmen auf dem viertletzten Platz landete. Das abschließende Benchmarking-Fazit des Projektteams lautete, dass Gillette es in den Jahren zuvor zwar geschafft hatte, die traditionellen Einzelfunktionsbereiche der Supply-Chain, zum Beispiel die Nachfrageplanung oder das Bestellungsmanagement, zu optimieren, darüber aber die Optimierung des Gesamtprozesses – von der Lieferantenpalette bis zum Kundenregal – aus den Augen verloren hatte.

Bei den Kunden beginnen. Nachdem durch das Wettbewerbs-Benchmarking die wichtigsten Problembereiche identifiziert worden waren, machte sich das Team an die Tiefenanalyse des Auftragserfüllungsprozesses. Ausgangspunkt war die Stelle, an der alle Prozesse beginnen und enden – der Kunde. Im Laufe der folgenden Monate besuchte der Projektleiter zusammen mit den führenden Vertriebsmitarbeitern die zehn wichtigsten Gillette-Kunden und untersuchte dort die aktuelle Leistung von Gillette sowie die Kundenerwartungen und versuchte, die Kunden für das anstehende Verbesserungsprogramm zu begeistern. Um dabei die eigentlichen Gründe für die Probleme ausfindig zu machen, untersuchte das Team eingehend alle Funktionen und Prozesse, die mit der Planung und der Auslieferung

Beispiel für die Benchmarking-Auswertung bei Gillette

Benchmark-Bereich	Klasse 1 – schwach	Klasse 3 – durchschnittlich	Klasse 5 – Weltklasse	Gillette aktuell	Ziel	Benchmark-Unternehmen
Performance-Management	Gillette erstellt und überwacht die zentrale Scorecard nur sporadisch	Gillette erstellt und überwacht die zentrale Scorecard regelmäßig. In Ausnahmefällen werden Verbesserungen vorgeschlagen/ implementiert	Gillette erstellt und überwacht die zentrale Scorecard regelmäßig; Vorschläge zur Serviceverbesserung/ Kostenreduktion werden regelmäßig diskutiert	1	5	Procter & Gamble Unilever Elida L'Oréal
First Ship Fill Rate[G]	Gillettes durchschnittliche Fill Rate < 95%	Gillettes durchschnittliche Fill Rate: zwischen 95% und 98%	Gillettes durchschnittliche Fill Rate > 98%	1	5	Colgate Palmolive Unilever L'Oréal
Order-Cycle-Time[G]	Gillettes durchschnittlich benötigte Zeit von Bestellungseingang bis zur Auslieferung ist länger als wir erwarten	Gillettes durchschnittlich benötigte Zeit von Bestellungseingang bis zur Auslieferung erfüllt genau unsere Anforderungen	Gillettes durchschnittlich benötigte Zeit von Bestellungseingang bis zur Auslieferung übertrifft unsere Anforderungen	1	3	Kellogg's

Abbildung 26

zwischen Gillette und seinen Kunden zu tun hatten. So sollten gegenseitige Abhängigkeiten der verschiedenen Prozessschritte identifiziert werden. Das oberste Ziel lautete, den Kundenservice zu erhöhen und gleichzeitig Bestände und Kosten zu senken. Aus dieser Tiefenanalyse des Auftragserfüllungsprozesses ergaben sich letztlich drei Hauptgründe für die aktuellen Probleme:

Grund 1 – asynchrone Planungsprozesse. Die einzelnen Planungszyklen innerhalb des Auftragserfüllungsprozesses waren nicht aufeinander abgestimmt. So wurde beispielsweise der Produktionsplan für den folgenden Monat oft erst eine Woche vor Monatsbeginn fertiggestellt, und das, obwohl die Lieferzeiten von den Werken zu den Distributionszentren im Schnitt zwei Wochen betrugen. Ferner gab es keinen Prozess, auf dessen Basis Änderungen innerhalb eines Monats in diesen Plan hätten integriert werden können, dabei wäre das – beispielsweise angesichts hochvolumiger Kundenaufträge oder Änderungen in Promotionplänen – durchaus gerechtfertigt und notwendig gewesen. Stattdessen bekamen die Werke Anfang des Monats einen Produktionsplan und arbeiteten ihn ab.

Grund 2 – keine standardisierten Definitionen für Kennzahlen und Prozesse. Die einzelnen Funktionsbereiche verstanden häufig die Anforderungen ihrer eigenen internen Kunden nicht richtig oder berechneten ihre Kennzahlen ganz einfach unterschiedlich. So wurden Kennzahlen nur in Relation zu dem eigenen zu kontrollierenden Bereich aufgestellt, ohne dabei den gesamten Prozess zu berücksichtigen. Die Distributionsabteilung beispielsweise definierte eine Lieferung als »on time«, wenn die tatsächliche Durchlaufzeit innerhalb der von den Logistikdienstleistern vorgegebenen Standardzeit lag. Die Planungsabteilung hingegen erwartete die Lieferungen immer an einem festgelegten Tag, der aber wiederum durch die Standarddurchlaufzeit definiert wurde, einer anderen im System genutzten Kennzahl. So kamen von der Distribution versandte Lieferungen oft später bei den Distributionszentren an, als die Planung dies vorgesehen hatte.

Grund 3 – geringe Verlässlichkeit der Prozesse. Niemand im Unternehmen war dafür verantwortlich, dass die Prozesse korrekt abliefen, und deshalb war auch kein verlässlicher Ablauf garantiert. Zwar klagten alle Beteiligten über einen niedrigen Servicelevel, aber es war niemand da, bei dem sie sich beschweren konnten, denn die Verantwortung für diese Kennzahl trug – niemand. Die einzelnen Unternehmensfunktionen beziehungsweise Abteilungen maßen zwar ihre eigene Leistung und waren dafür auch verantwortlich, aber eben nur für diesen einen Teil des Prozesses. Die Folgen waren gegenseitige Schuldzuweisungen und das wenig zielführende Sichern der eigenen »Hoheitsgebiete«.

Projektleiter Duffy über die Analysephase: »Entscheidend war, den kompletten Auftragserfüllungsprozess zu durchdringen und auch grafisch abzubilden, von der ersten Nachfrageprognose über die eingehende Bestellung bis hin zur Belieferung in die Regale des Kunden. Wir haben uns im wahrsten Sinne des Wortes an die Fersen der Bestellungen geheftet und uns unterwegs Gedanken über die Kennzahlen gemacht, die notwendig wären, um den Prozess später zu überwachen und zu kontrollieren. Nachdem wir all diese Informationen gesammelt hatten, konnten wir die Defizite und Potenziale berechnen, die uns von unserem Wunschzustand trennten, und sie priorisieren. So haben wir schließlich vier Hauptthemen isoliert, auf deren Basis wir unser Verbesserungsprogramm zusammengestellt haben.« *Quelle: Duffy 2004*

3.2 Experimentieren erlaubt: So wird das Pilotprojekt ein Erfolg

Nachdem Einigung darüber erzielt worden ist, welche Verbesserungspotenziale als erstes ausgeschöpft und welche Maßnahmen ergriffen werden sollen, folgt der wichtigste Schritt: Die verabschiedeten Maßnahmen müssen umgesetzt werden. Hier stellt sich die Frage, wie das am besten vonstattengehen sollte. Sollte versucht werden, gleich alle angedachten Veränderungen zu implementieren? Oder ist es sinnvoller, erst mit kleinen Pilotprojekten an ausgesuchten Standorten, vielleicht sogar mit vermindertem Funktionsumfang, zu beginnen? Und wenn ja, nach welchen Kriterien sollten diese Pilotprojekte ausgewählt werden?

Keine Angst vor Experimenten. Anstatt mit der Pilotierung zu warten, bis alle Maßnahmen bis ins Kleinste ausgearbeitet sind, ist ein Großteil der Transformations-Champions anders vorgegangen: Nach einer kurzen Analysephase haben sie schon früh angefangen, einzelne Konzepte auszuprobieren und praktische Erfahrungen damit zu sammeln. Insgesamt brauchten die Transformations-Champions deshalb viel weniger Zeit, um ihre Veränderungsprogramme abzuschließen: nur 42 Monate im Vergleich zu 53 Monaten bei den Verfolgern.

Dass dieses Vorgehen sinnvoll ist, haben auch amerikanische Managementforscher der Stanford University herausgefunden (Pfeffer 2006). Sie schlagen vor, dass sich Manager viel öfter als bisher üblich auf Versuchsprogramme, kleine Experimente und Pilotprojekte einlassen sollten, anstatt nur auf das »Alles-oder-nichts-Konzept« zu setzen (siehe Kasten »Einfach mal anfangen«).

Nur wenig Zeit auf die Analyse zu verwenden, erscheint intuitiv nicht richtig: Gerade bei umfangreichen Veränderungen in großen Unternehmen sollte man doch alle Schritte intensiv durchplanen, bevor man anfängt, sie umzusetzen. Allerdings ist es gerade in großen, international tätigen Organisationen quasi unmöglich, im stillen Kämmerlein alles bis ins letzte Detail durch- und vorzuplanen. Anstatt also monatelang Prozesse und Strukturen zu erfassen, diese bis zum letzten Handgriff neu zu gestalten und bis ins kleinste Detail zu berechnen, sollte man pragmatischer vorgehen und auf frühe Erfahrungen in der Praxis setzen. So verringert sich das Risiko, dass theoretisch erdachte Lösungen im Alltagsgeschäft nicht funktionieren (siehe Kasten »Teures Lehrgeld für Hershey's«).

Ein weiteres Problem solcher theoretischer Lösungen: Wenn sie als »Anweisung von oben« beim Mitarbeiter ankommen, stoßen sie bei ihm meist nicht auf Begeisterung. Denn trotz intensiver Trainingsbemühungen fehlen oft das Verständnis und teilweise auch die grundlegenden Fähigkeiten für die geplante Umsetzung der neuen Prozesse und Arbeitsweisen, die so bei weitem nicht den gewünschten Effekt haben. Schwierig ist auch, dass das Management als Initiator der Veränderungsprozesse voll hinter den konkreten Maßnahmen stehen muss, ohne mit letzter Sicherheit zu wissen, ob sich diese dann tatsächlich so positiv wie erwartet auswirken werden.

Die Pilotprojekte sind auch ein wichtiges Element der Mitarbeiterkommunikation, da diese »Showcases« die Machbarkeit des Wandels verdeutlichen. Sie geben Mitarbeitern die Gelegenheit, die Veränderungen zu erleben. Anhand der Projekte wird schnell deutlich, welche Auswirkungen der Wandel auf die tägliche Arbeit hat, welche Anforderungen er an die einzelnen Mitarbeiter stellt, aber auch, welche Vorteile die Veränderungen haben.

Einfach mal anfangen

Gary Loveman, CEO des in den USA führenden Glücksspielunternehmens Harrah's Entertainment – das neben Casinos zum Beispiel auch Rennbahnen betreibt – und ehemaliger Professor an der Harvard Business School, sagte einmal: »Es gibt nur drei Wege, um bei Harrah's gefeuert zu werden: Man stiehlt, belästigt Frauen oder initiiert Veränderungen, ohne sie vorher getestet zu haben.« Beispielsweise bot Harrah's im Zuge eines kleinen Experiments im Marketing einer Kundenkontrollgruppe ein Promotionpaket an, das 125 US-Dollar wert war und eine freie Übernachtung, zwei Abendessen und 30 US-Dollar in Casino-Chips enthielt. Eine andere Kontrollgruppe erhielt zwar 60 US-Dollar in Chips, aber weder eine Hotelübernachtung noch das Abendessen. Es stellte sich heraus, dass die 60-Dollar-Gruppe höhere Glücksspielumsätze generierte als die 125-Dollar-Gruppe, und das bei niedrigeren Kosten. Loveman ermutigte die Mitarbeiter in allen Unternehmensbereichen dazu, solche Experimente durchzuführen, nicht nur im Marketing.

Auch die Chefin von Ebay, Margaret Whitman, sieht einen Großteil des Erfolgs von Ebay in der Tatsache begründet, dass das Management mehr Zeit mit dem Ausprobieren neuer Ansätze verbringt als mit strategischen Analysen. »Wir bewegen uns in einem komplett neuen Geschäftsmodell, deshalb kann man nur beschränkt analysieren, was konkret zu tun ist. Besser ist es, etwas auszuprobieren, sich das Ergebnis anzuschauen und den Ansatz dann gegebenenfalls anzupassen oder zu verwerfen. Man kann sechs Monate damit verbringen, eine Lösung im Labor zu perfektionieren, aber uns ist es besser damit ergangen, sie sechs Tage lang einfach auszuprobieren und dann zu verbessern.«

Eine große Hürde für das Sammeln von Erfahrungen durch Experimente ist, dass Unternehmen dazu tendieren, neue Methoden ganz oder gar nicht einzusetzen. Das schränkt die Unternehmen in ihrer Lernfähigkeit beträchtlich ein. Besonders Unternehmen mit vielen Niederlassungen, zum Beispiel Einzelhändler mit vielen Filialen oder produzierende Unternehmen mit mehreren Produktionsstätten, können durch Experimente an einzelnen Standorten und Vergleiche mit Kontrollstandorten einiges lernen, um so schließlich zum besten Ergebnis zu kommen.
Quelle: Pfeffer 2006

Teures Lehrgeld für Hershey's

Zwischen 1998 und 1999 investierte der amerikanische Schokoladenhersteller Hershey's mehr als 100 Millionen US-Dollar in eine integrierte Lösung für Order-, Supply-Chain- und Customer-Relationship-Management. IT-Infrastruktur und Supply-Chain sollten so für das 21. Jahrhundert fit gemacht werden. Hershey's »Big-Bang-Strategie« sah dabei eine parallele Live-Schaltung aller Systeme vor, was später heftig kritisiert wurde. Ab April 1999 wollte man die neuen Systeme nutzen können, doch der Zeitplan verschob sich. Wie bei allen Süßwarenherstellern hängt auch bei dem weltgrößten Schokoladenhersteller Hershey's ein großer Teil des Umsatzes von einzelnen Verkaufsperioden ab. In diesem Fall war es das Halloween-Geschäft. Weil man keinen weiteren Projektverzug in Kauf nehmen wollte, wurden die Systeme ausgerechnet zu dem Zeitpunkt umgestellt, als die ersten Halloween-Aufträge eintrafen. Ein schlechtes Timing, wie sich herausstellen sollte.

Es passierte, was passieren musste: Die neuen Systeme liefen alles andere als reibungslos. Wiederholt konnten Transaktionen wegen fehlender Auftragsdaten nicht abgewickelt werden – und das, obwohl genügend Ware auf Lager war. Das Unternehmen war aufgrund der Probleme mit der neuen Software einfach nicht mehr in der Lage, die Ware zu kommissionieren, auf die Lkws zu verladen und zu den wartenden Kunden zu transportieren. Zudem wusste niemand, wie viel Ware überhaupt auf Lager war. Es herrschte absolute Verwirrung. Fragen wie »Haben wir überhaupt genügend Ware auf Lager, um alle Aufträge zu erfüllen? Welche Menge sollen wir nun Kunde X zukommen lassen?« waren an der Tagesordnung.

Über 150 Millionen US-Dollar Umsatz gingen dadurch verloren. Im dritten Quartal des Jahres brach der Gewinn um 19 Prozent ein, und auch ein Quartal später hatte er sich noch nicht erholt. Als der damalige CEO, Kenneth L. Wolfe, im August 1999 den Wall-Street-Analysten während einer Telefonkonferenz erstmals von den Problemen berichtete, dauerte es nicht lange, bis die Börse auf die schlechten Neuigkeiten reagierte: Noch am selben Tag sank der Aktienkurs um 8 Prozent. Bis Januar des folgenden Jahres verlor das Unternehmen insgesamt sogar 38 Prozent an Wert. Noch Jahre später sahen sich Hershey's Supply-Chain-Verantwortliche stetigem Druck und permanenter Kontrolle der Wall-Street-Analysten ausgesetzt. Und jedes Jahr pünktlich vor Halloween mussten sie versichern, dass die alten Probleme ein für allemal ausgeräumt seien.

Quelle: Kiebler 2006

Einfache Pilotprojekte. Wenn es darum geht zu entscheiden, welche Konzepte als Erstes ausprobiert werden sollen und an welchen Standorten, haben Transformations-Champions eine Grundregel wesentlich häufiger beachtet als die Verfolger: Immer alles schön einfach halten. So setzen sie in ihren Pilotprojekten durchgehend auf geringe Komplexität, einen niedrigen Schwierigkeitsgrad und einen kleinen Umfang (siehe Abbildung 27). Dank dieses Vorgehens ist die Erfolgswahrscheinlichkeit hoch; zudem hat es den Vorteil, dass die Mitarbeiter aktiv in den Verbesserungsprozess einbezogen werden können. Trotz aller Einfachheit ist es allerdings wichtig, dass Pilotprojekte möglichst hohe Verbesserungspotenziale realisieren können, damit die Anstrengungen auch legitimiert sind. Am Ende steht ein erfolgreich durchgeführtes Projekt, das durch die erreichten Verbesserungen den Sinn des Transformationsprogramms untermauert und die involvierten Mitarbeiter zu überzeugten Anhängern des Wandels macht.

Das Pilotprojekt kann so ein praktisches Vorbild für das gesamte Unternehmen werden: Es zeigt den Mitarbeitern nicht nur, dass signifikante Leistungssteigerungen tatsächlich möglich sind – daher lohnt es sich auch, ein erfolgreiches Projekt unternehmensweit bekannt zu machen –, solch eine Pilotumgebung kann auch zum Training von Mitarbeitern aus anderen Abteilungen genutzt werden, denen die Veränderungen noch bevorstehen.

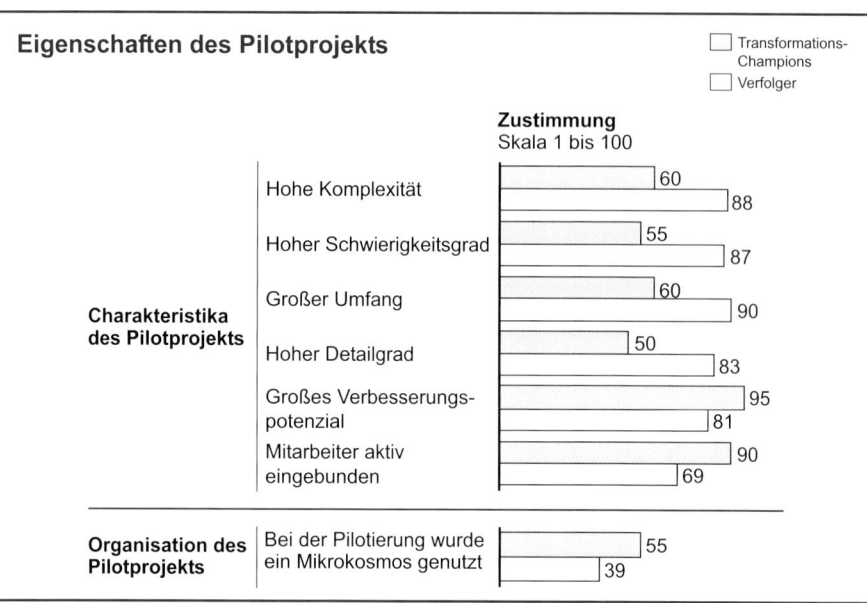

Abbildung 27

Pilotieren im Mikrokosmos. Wenn es um die Organisation von Pilotprojekten geht, nutzen die Transformations-Champions wesentlich öfter als die Verfolger einen Ansatz, den wir als Mikrokosmos-Ansatz bezeichnen. Dabei werden Verbesserungsmaßnahmen in einer realen Supply-Chain-Umgebung getestet, um früh Erfahrungen in einem nicht simulierten Umfeld zu sammeln (siehe Abbildung 27).

Beim Mikrokosmos-Ansatz wird aus dem Unternehmen ein kleiner, aber repräsentativer Teil isoliert, in dem dann die Verbesserungsmaßnahmen pilotiert werden. Für alle Maßnahmen, die beispielsweise bei einem Hersteller mit dem Auftragsabwicklungsprozess zusammenhängen, werden die internen Funktionen wie Vertrieb, Produktionsplanung oder IT eingebunden, einschließlich ausgewählter Kunden und Lieferanten (siehe Abbildung 28). Ein Beispiel ist die Auftragsabwicklung einer Produktgruppe an einen ausgewählten Kunden oder eine Kundengruppe. Im Mikrokosmos würde man den gesamten Informations- und Materialfluss erfassen, vom Kunden ausgehend über die Vertriebsorganisation, Distribution und Logistik, den relevanten Teil der Fertigung bis hin zu den wichtigsten Rohmaterial-Zulieferern.

Das Pilotierungsteam für den Mikrokosmos-Ansatz würde in diesem Fall mit Linienmitarbeitern aus allen beteiligten Bereichen besetzt, also zum Beispiel Vertrieb, Logistik, Produktionsplanung, Produktion, Einkauf und IT-Support. Teil eines Mikrokosmos-Teams zu sein ist für die

Pilotierung im Mikrokosmos

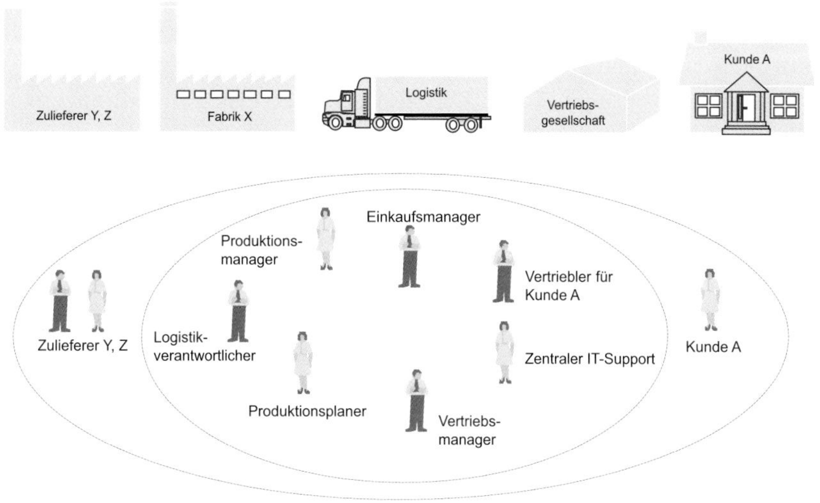

Abbildung 28

meisten Beteiligten oft ungewohnt, aber in der Regel gewinnbringend: Die Mitarbeiter müssen aus ihren funktionalen Begrenzungen ausbrechen und ihren Wohlfühlbereich »eigene Abteilung« verlassen. Wenn diese Hürde einmal überwunden ist, kann eine solche Erfahrung eine ergiebige Quelle für Energie, Motivation und Kreativität sein: Menschen, die vorher nie aus einer holistischen Sicht über das Unternehmen und seine Prozesse nachgedacht haben, sehen, wie alles zusammenhängt, wo Wert generiert und wo er zerstört wird. Sie werden sich der Konsequenzen ihrer eigenen Handlungen im gesamten System bewusst.

Bei der Anwendung des Mikrokosmos-Ansatzes sollten, neben dem Testen zum Beispiel von neuen Prozessen, das Experimentieren und das Lernen im Vordergrund stehen. Beispielsweise können die ersten Anwender der getesteten Ansätze ihre Erfahrungen aus dem oder den Pilotprojekt(en) während des Roll-out, dem »Ausrollen« der neuen Ansätze im ganzen Unternehmen, weitergeben. Auf diese Weise können Schwierigkeiten bei der Umsetzung früh erkannt und behoben werden und das Wissen der am Prozess beteiligten Mitarbeiter kann gewinnbringend genutzt werden.

Bei der Pilotierung im Mikrokosmos kann man auch mehrere Pilotprojekte parallel schalten, zum Beispiel in verschiedenen Produktgruppen. Ebenso ist es möglich, bewusst nur verschiedene Einzelteile eines neuen

Konzepts in voneinander getrennten Mikrokosmen zu testen, um ihre Effektivität zu vergleichen.

Mitarbeiter einbinden. Warum kann man Fahrradfahren nicht lernen, indem man ein Buch darüber liest? Ganz einfach: Ob man Fahrrad fahren kann oder nicht, hängt nicht nur davon ab, ob man theoretisch ein paar Anweisungen befolgen kann. Das Beherrschen des Fahrradfahrens geht über die Theorie hinaus: Man muss verschiedene Fähigkeiten miteinander in Einklang bringen, das Gleichgewicht halten, während man in die Pedale tritt und lenkt, gleichzeitig die Umgebung beobachten, auf Änderungen im Terrain und im Verkehr reagieren und auf Unvorhergesehenes vorbereitet sein. Wenn Sie einem Kind, das noch nie Rad gefahren ist, dies alles erzählen würden, würde es das Radfahren sicherlich für so schwierig halten, dass es gar keinen Mut mehr hätte, es auszuprobieren. Doch wir wissen alle: So schwer ist das Ganze nun auch wieder nicht. Der Schlüssel zum Erfolg heißt Ausprobieren – und dann macht es irgendwann einfach »klick« und man kann fahren.

Ganz ähnlich liegen die Dinge, wenn Veränderungen im Unternehmen umgesetzt werden müssen. Denn auch bei einer Transformation und allen damit verbundenen Änderungen reicht es nicht aus – und würde im Gegenteil sogar äußerst entmutigend wirken –, Mitarbeitern ein Handbuch über die neuen Prozesse, Arbeitsabläufe, Werte und Ziele in die Hand zu drücken und diese dann zum Stichtag einzufordern. Gerade in den Pilotprojekten ist es sinnvoll, Linienmitarbeiter direkt in den Veränderungsprozess einzubinden. Sehr effektiv sind beispielsweise gemeinsame Workshops zur Ideenfindung, Schulungen und gemeinsames Ausprobieren der neuen Abläufe am Arbeitsplatz sowie regelmäßige Feedback-Sitzungen, zum Beispiel zu Problemen und Erfahrungen mit neu implementierten Prozessen.

Veränderung physisch spürbar machen. Ein anderer wichtiger Aspekt bei den ersten Veränderungsmaßnahmen im Pilotprojekt ist, dass alle Beteiligten auch tatsächlich mitbekommen müssen, dass etwas vor sich geht. Nichts ist schlimmer, als wenn die Bemühungen nur als saisonale Laune abgetan werden und die Belegschaft nach kurzer Zeit wieder auf »business as usual« zurückschaltet. Um das zu verhindern, ist es sinnvoll, die Veränderungen zu institutionalisieren und überall für die Mitarbeiter sichtbar, spürbar und erlebbar werden zu lassen. Wenn beispielsweise der Material- oder Informationsfluss verändert wird, bietet es sich an, auch die Anordnung der Arbeitsplätze den neuen Abläufen folgend zu verändern. Wichtig ist, dass alle merken: Hier bewegt sich was.

Beispiele für physisch spürbare Veränderungen

	Veränderung	Beispiel	
Reorganisation des Arbeitsflusses			Von einer funktionalen Aufteilung zum integrierten Fluss in einer U-Zelle[G]
Organisation des Arbeitsplatzes			Vom Chaos zu einem organisierten, sauberen Arbeitsplatz
Wechsel des Logos während der Transformation			Neues Logo, inspiriert von neuen Werten und Aufbruchstimmung
Neues IT-Programm, z. B. Online-Auktion für den Rohstoffeinkauf			Vom händischen zum webbasierten Angebotsprozess
Neues Bürolayout			Von einem ineffizienten Layout zu einem effizienten Layout, das mit dem Arbeitsprozess in Einklang steht

Abbildung 29

Manche Unternehmen gehen dabei so weit, dass sie alle Brücken hinter sich abbrechen, damit es nur noch einen Weg gibt, nämlich den nach vorne, und keiner der Versuchung erliegt, in alte Gewohnheiten zurückzufallen (siehe Beispiele in Abbildung 29). Wie der Chemieproduzent Celanese Veränderungen für seine Mitarbeiter spürbar gemacht hat, berichten wir im Kasten »Physische Veränderung bei Celanese«.

Physische Veränderung bei Celanese

Eine konsequente Umsetzung der Regel, dass Veränderungen auch physisch spürbar sein müssen, war 1996 im Hafenterminal Seabrook, Texas, des Chemiekonzerns Celanese zu beobachten. In den 20 Jahren, die das Terminal bereits existierte, hatte sich das zu bewältigende Warenvolumen verdoppelt. Die Prozesse hatten sich allerdings nicht geändert, und reagieren anstatt aktiv zu planen war an der Tagesordnung. Eine der Folgen: lange Wartezeiten für die Containerschiffe. Im Seehandel ist es üblich, für jede Stunde, die ein Schiff im Hafen auf das Löschen der Ladung warten muss, eine Liegegebühr von 10.000 US-Dollar zu zahlen. Im Jahr 1994 betrug die jährliche Strafgebühr des Terminals horrende 2,5 Millionen US-Dollar.

Doch plötzlich waren Veränderungen in Sicht: Im Zuge einer Reorganisation der laufenden Prozesse wurde mit den schlechten Gewohnheiten der Vergangenheit abgeschlossen. Am Stichtag der Einführung der neuen Prozesse wurde das Terminal für einen Tag komplett geschlossen und alle Mitarbeiter trafen sich, um gemeinsam die vorher geplanten Veränderungsmaßnahmen zu initiieren und alte Rituale zu begraben. Noch während des Meetings wurde beispielsweise das Büro der Schichtaufseher, deren Funktionen sich ab diesem Tag grundlegend änderten, abgerissen. Die Leiterin des Terminals, Annette Kyle, versteigerte während des Meetings ihren Schreibtisch für 60 US-Dollar. Sie wollte den Mitarbeitern damit zeigen, dass es nicht ihre Aufgabe sei, sich hinter einem Schreibtisch zu verstecken, sondern stattdessen vor Ort neue Lösungen zu finden. Sie besorgte außerdem einen Sarg, in den sie zusammen mit den Mitarbeitern Reliquien der alten Firmenphilosophie legte, zum Beispiel ein Schild aus dem alten Aufseherbüro mit der Aufschrift »Ship Happens«. Die alte Firmenphilosophie, dass die Ankunft eines Schiffs nichts war, mit dem man im Voraus rechnen konnte, war damit ad acta gelegt.
Quelle: Pfeffer 1999

3.3   Aus Fehlern lernen: das richtige Vorgehen beim Roll-out

Wenn Sie sich für ein Vorgehen mit vorheriger Pilotierung entscheiden, sollten Sie parallel zur Pilotierungsplanung ein Konzept für den darauf folgenden Roll-out des Verbesserungsprogramms auf das gesamte Unternehmen entwickeln. Dies ist ein kritischer Punkt in der Planung; nicht umsonst sind viele Transformationen nach anfänglicher Euphorie im Sande verlaufen. Zu groß war häufig das Veränderungspensum, das einzelnen Einheiten aufgebürdet wurde, zu unüberschaubar die Anzahl der Projekte, die an unterschiedlichen Standorten gleichzeitig liefen. Für die Roll-out-Planung empfiehlt sich ein Vorgehen, das wir auch bei einigen der Transformations-Champions beobachten konnten: ein Roll-out in Wellen mit so genannten Roll-out-Zellen und/oder -Projekten, die je nach Verbesserungspotenzial und Einfachheit der Umsetzung priorisiert werden. Roll-out-Zellen sind die Bereiche, die sukzessive in die Umsetzung mit einbezogen werden sollen.

Roll-out-Zellen bestimmen. Im ersten Schritt der Roll-out-Planung werden die Bestimmungsgrößen für die Roll-out-Zellen festgelegt: Geografie, Größe, Format, Funktion oder Prozess. Welche am sinnvollsten sind, hängt sehr individuell von der Art und dem Aufbau des betrachteten Unternehmens ab. Entscheidet man sich für ein geografisches Vorgehen, sind die Roll-out-Zellen die Standorte, auf die das Programm ausgerollt werden soll, also zum Beispiel erst Filialen in Nordrhein-Westfalen, dann ganz Norddeutschland, dann Süddeutschland, dann Frankreich und Benelux oder erst Produktionsstandorte in Deutschland, dann in Asien. Dabei ist es angebracht, sehr leistungsfähige Einheiten (zum Beispiel Filialen, Lager, Fertigungsstätten) oder Einheiten, in denen die Veränderungen recht einfach umzusetzen sind, als Erstes auszuwählen, da sie oft schnell und problemlos transformiert werden können und als gutes Beispiel für weitere Zellen dienen. Entscheidet man sich für ein Vorgehen nach Größe (Hersteller) oder Formaten (Händler), würden Hersteller zum Beispiel unternehmensweit erst die kleinen und dann die größeren Produktionsstandorte angehen; Händler zum Beispiel würden mit den kleinen SB-Märkten beginnen und sich anschließend die großen Supermärkte auf der »grünen Wiese« vornehmen. Dieses Vorgehen ist dann angemessen, wenn sich die Verbesserungsansätze für die einzelnen Größenklassen und Handelsformate stark unterscheiden. Möglich wäre auch ein Roll-out nach Prozessen: erst der Auftragserfüllungsprozess, dann Beschaffungsprozess et cetera.

Roll-out-Zellen priorisieren. Auf die Frage, in welcher Reihenfolge man die einzelnen Zellen beim Roll-out berücksichtigen sollte, gibt es keine einfache oder allgemeingültige Antwort. Vielmehr hängt die Reihenfolge stark von der individuellen Situation im Unternehmen ab. Ein Instrument, das beim Sortieren der Roll-out-Zellen hilft, ist die Sequenz-Matrix (siehe Abbildung 30). Um die Matrix zu erstellen, werden zunächst alle Projekte der gesamten Transformation oder gegebenenfalls eines Teilbereichs untereinander aufgelistet. In der zweiten Dimension listet man von links nach rechts die selbst definierten Roll-out-Zellen. In jedes Feld der Matrix wird nun das erwartete Verbesserungspotenzial des Projekts je Roll-out-Zelle eingetragen und jeweils über Spalten und Zeilen summiert.

Ist die Matrix so weit aufgestellt, werden die Zeilen absteigend von oben nach unten und die Spalten von links nach rechts nach der Höhe des Verbesserungspotenzials sortiert: Die oberste Zeile enthält so das Projekt mit dem höchsten Verbesserungspotenzial und die erste Spalte die Zelle, der man das höchste Verbesserungspotenzial zutraut. Tendenziell sollten also die Projekt-Zellen-Kombinationen links oben am Anfang der Transformation angegangen werden, die unten rechts stehenden eher am Ende. Die fertig ausgefüllte Matrix ist eine gute Ausgangsbasis für die weitere Roll-out-Planung.

Für die Reihenfolge der Projekte können noch andere Parameter als das Verbesserungspotenzial entscheidend sein. Die Reihenfolge kann zum Beispiel daraufhin überprüft werden, wie schnell das Projekt voraussichtlich umgesetzt werden kann, ob der Ansatz ausgereift ist oder noch einige Unsicherheiten in Bezug auf die Umsetzungsdauer und das zu realisierende Potenzial beinhaltet, wie viele Ressourcen für die Umsetzung benötigt

Sequenz-Matrix zur Abfolgeplanung einer Transformation

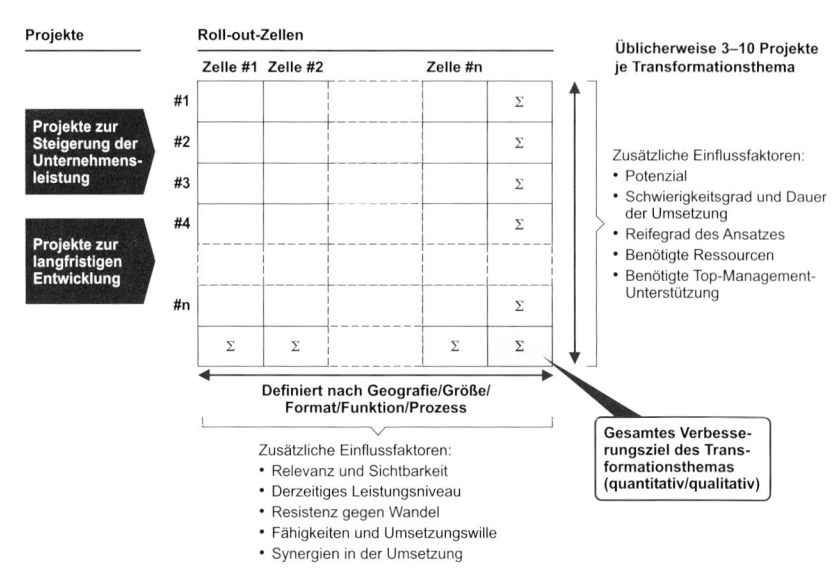

Abbildung 30

werden und ob das Projekt einen besonders starken Rückhalt durch das Top-Management erfordert. Im Allgemeinen ist es anzuraten, die Inhalte der einzelnen Projekte so zu definieren, dass sie möglichst überschneidungsfrei sind, um so zeitraubende Abstimmungen zu umgehen. Manchmal lässt es sich aber nicht vermeiden, dass einzelne Projekte aufeinander aufbauen oder zumindest Einzelergebnisse eines anderen Projekts benötigen. Auch solche sequenziellen Zwänge müssen natürlich beachtet werden.

Weitere Einflussgrößen für die Reihenfolge der Zellen können sein, wie sichtbar und relevant die Zelle für die Restorganisation und wie hoch das derzeitige Leistungsniveau ist, ob man die Zellen als eher wandlungsfähig oder -resistent einschätzt, ob das Management die notwendigen Fähigkeiten und den Willen zur Veränderung bereits hat und ob durch die Änderung der Reihenfolge oder durch die Zusammenlegung von einzelnen Zellen Synergien erzielt werden können.

Roll-out-Vorgehen bestimmen. Wenn Sie die Matrix anhand dieser Parameter angepasst haben, müssen Sie entscheiden, ob Sie generell nach Roll-out-Zellen (von links nach rechts) oder nach Projekten (von oben nach unten) ausrollen möchten. Auch eine Mischung aus beiden Vorgehensweisen kann sinnvoll sein (»Hybridmodell«, von links oben nach rechts unten).

Beim Ausrollen nach Roll-out-Zellen startet man alle Projekte gleichzeitig in einer oder einigen wenigen Roll-out-Zellen und erweitert den Umfang dann sukzessive um weitere Zellen. Dies hat den Vorteil, dass man nicht nur Synergien bei der Ausführung des Projektpakets in den einzelnen Zellen nutzen kann (zum Beispiel durch weniger Meetings und Trainings), sondern dass sich auch die Wirkung der Projekte gegenseitig verstärken kann.

Beim Ausrollen nach Projekten startet man mit nur einem oder wenigen Projekten, die aber gleichzeitig in allen Roll-out-Zellen beginnen. Dadurch vermindert sich das Risiko, die involvierten Mitarbeiter mit zu vielen verschiedenen Themen zu überfordern; zugleich werden die positive Wirkung der Projekte und die Synergien unternehmensweit spürbar beziehungsweise nutzbar, zum Beispiel durch schnelleres Lernen und Weitergabe von Erfahrungen von einer Zelle zur anderen. Oft erfordern aber unterschiedliche Gegebenheiten in den einzelnen Zellen und die begrenzte Anwendbarkeit der Projekte auf alle Zellen ein gemischtes Vorgehen: Während ein Projekt in allen Zellen zur selben Zeit beginnt, gehen einige Zellen alle Projekte gleichzeitig an (siehe Abbildung 31).

In Wellen ausrollen. Schließlich ist bei der Roll-out-Planung noch festzulegen, wie der Roll-out zeitlich getaktet werden soll. Es geht also nicht mehr

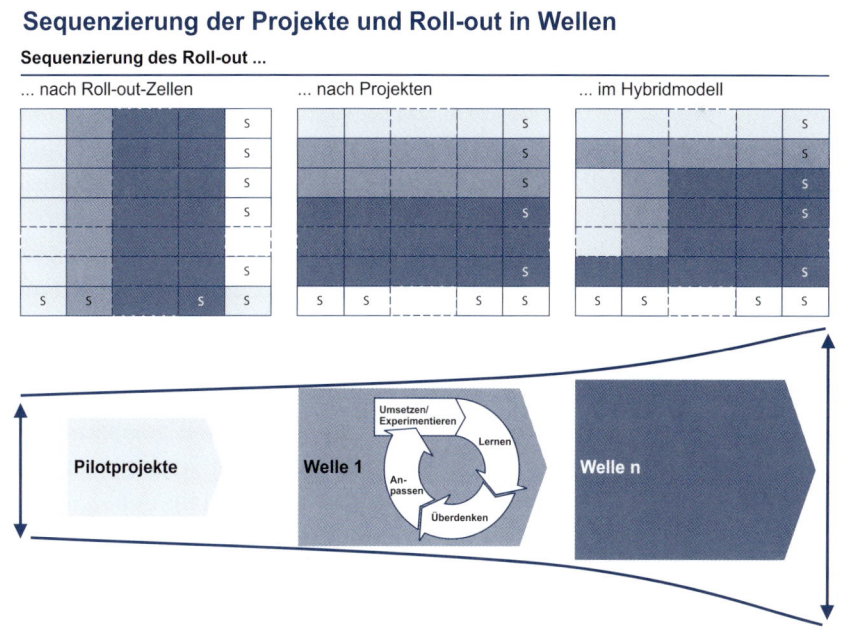

Sequenzierung der Projekte und Roll-out in Wellen

Sequenzierung des Roll-out ...

... nach Roll-out-Zellen   ... nach Projekten   ... im Hybridmodell

Pilotprojekte

Welle 1

Umsetzen/Experimentieren
Lernen
Anpassen
Überdenken

Welle n

Abbildung 31

um die Frage, in welcher Reihenfolge Projekte oder Zellen angegangen werden sollen, sondern darum, wann dies passieren soll. Am besten fasst man die Projekte oder Zellen in Wellen zusammen, um die Organisation mit der Umsetzung aller Maßnahmen auf einmal nicht zu überfordern (siehe Abbildung 31). Zudem ermöglicht das Vorgehen in Wellen mehr Kontrolle über den erfolgreichen Ablauf der Transformation, da man zwischen den einzelnen Wellen immer Anpassungsphasen einbauen kann.

Als Erstes ist zu entscheiden, wie viele Wellenphasen durchlaufen und wie viele Projekte oder Zellen jeweils in einer Welle bearbeitet werden sollen. Wir raten, dabei klein anzufangen (Pilot) und danach den Fokus immer weiter zu öffnen (wenige Projekte oder Zellen in Welle 1, mehr in Welle 2 et cetera); denn oft stehen am Anfang der Transformation noch nicht alle benötigten Ressourcen zur Verfügung und es gibt erst wenige Erfahrungswerte aus der Arbeit mit den Neuerungen.

Zuletzt muss noch festgelegt werden, wie lange die jeweiligen Wellen dauern sollen. Hier lehrt die Erfahrung, dass es am besten ist, ambitionierte Ziele für kurze Wellenphasen zu setzen, die die einzelnen Zellen allein mit ihren Ressourcen aus dem Tagesgeschäft nicht schaffen würden – es gibt ja nicht umsonst spezielle Projektteams, die die Ressourcen erweitern. Dasselbe gilt für die angestrebten Verbesserungen: Wenn man schon die Mühen einer Transformation auf sich nimmt, sollte man auch versuchen, das maximal mögliche Potenzial auszuschöpfen.

Zwischen den Wellen: Fortschritt kritisch prüfen – und Erfolge feiern. Bevor man in der Umsetzung nach Abschluss einer Welle zur nächsten weitergeht, wird kontrolliert, ob in der vorigen Welle alle Transformationsziele erreicht wurden und ob das Potenzial voll ausgeschöpft wurde. War dies nicht der Fall, so besteht jetzt die Chance, die durchgeführten Projekte und die bearbeiteten Zellen noch einmal genau unter die Lupe zu nehmen, die Gründe für die verfehlten Ziele herauszufinden und nachzubessern. Sind alle Ziele erfüllt, ist es Zeit, die Erfolge zu feiern und bekannt zu machen! Ein hartes Stück Arbeit ist getan und das dürfen ruhig alle wissen und sich mitfreuen.

Eine weitere Aufgabe zwischen den einzelnen Wellen ist, das Gelernte zu reflektieren und die Planungen für kommende Wellen gegebenenfalls anzupassen. So kann man beispielsweise Teilnehmer der vorangegangenen Wellen oder der Pilotprojekte zu den Schulungen und den Kick-off-Meetings der folgenden Wellen einladen oder sie sogar für eine kurze Zeit in den jeweiligen neuen Roll-out-Zellen einsetzen. Dies minimiert die Wahrscheinlichkeit, einmal gemachte Fehler zu wiederholen. Ferner können auf diese Weise Erfolgsgeschichten und Erfahrungen direkt und damit sehr glaubhaft über die involvierten Mitarbeiter weitergetragen werden.

4

Ganzheitliches Programm:
Die Zentrale gibt den Takt vor

Eine Supply-Chain-Transformation ist ein umfassendes Verbesserungsprogramm, das – wie wir in den vorangegangenen Kapiteln gesehen haben – nicht nur eine einzelne Abteilung oder einen Geschäftsbereich betrifft: Viele Prozesse werden vollständig umgebaut, und daran sind meist eine ganze Reihe von Abteilungen und Mitarbeitern beteiligt. Welchen Ansatz sollte man bei solch einem komplexen Umbau der Supply-Chain verfolgen? Wie sollten die Transformationsaktivitäten gesteuert und koordiniert werden?

Das Spektrum der Möglichkeiten ist breit: Am einen Ende steht der lokale Ansatz, bei dem die Ziele zentral von der Unternehmensspitze vorgegeben werden; die Erarbeitung von Verbesserungsmaßnahmen und die Umsetzungsplanung, ebenso wie die Umsetzung selbst, finden jedoch lokal in den Funktionsbereichen statt, zum Beispiel im Vertrieb oder in der Produktion. Am anderen Ende des Spektrums steht der zentrale Ansatz. Hier übernimmt eine zentrale Stelle die Programmplanung einschließlich der Problemdiagnose und der Festlegung der Verbesserungsmaßnahmen für alle Funktionsbereiche.

Lokal oder zentral? Beide Ansätze haben Vor- und Nachteile. Für den lokalen Ansatz spricht beispielsweise, dass er die Eigeninitiative der Mitarbeiter besser fördert als eine zentrale Programmplanung und dass häufig Schwachstellen und Optimierungsmöglichkeiten aufgedeckt werden, die ein zentraler Planer nicht bemerkt. Dieses Vorgehen ist vor allem für kontinuierliche Verbesserungsprogramme sinnvoll. Für eine zentrale Programmplanung spricht hingegen, dass sie Wechselwirkungen zwischen Abteilungen besser berücksichtigen kann als die lokale Planung, da die Unternehmensprozesse aus einer ganzheitlichen Sicht betrachtet werden. Aktivitäten können dadurch besser aufeinander abgestimmt werden, so dass sie sich nicht gegenseitig behindern und das Gesamtprojekt aus dem Takt bringen. Zudem können größere Einsparungen erreicht werden als mit dem lokalen Ansatz, bei dem die »Regionalfürsten« nur selten den Ast absägen, auf dem sie selbst sitzen.

Rein lokale Initiativen sind zum Scheitern verurteilt. Was passieren kann, wenn die Optimierungen bei Supply-Chain-Transformationen den lokalen Einheiten überlassen werden, zeigt ein Beispiel aus einem der Unternehmen, die wir befragt haben: Die Zentrale eines europäischen Konsumgüterherstellers hatte die Supply-Chain-Leistung einer Produktgruppe mit der des Wettbewerbs verglichen und dabei erkannt, dass der Fertigwarenbestand 30 Prozent höher war als im Branchendurchschnitt. Die Logistik wurde daraufhin beauftragt, den Bestand auf den Branchendurchschnitt zu reduzieren. Die Logistikmitarbeiter analysierten die wesentlichen Problemursachen und identifizierten zwei Hauptmaßnahmen, um die Bestände zu senken: Die Verbesserung der Nachfrageprognose im Vertrieb und die Reduzierung der Losgrößen in der Produktion. Es gelang dem Logistikleiter jedoch nicht, die Vertriebsleiterin davon zu überzeugen, mehr Personal einzusetzen, um die Nachfrageprognose zu verbessern, denn dafür hätte sie an anderer Stelle Personal abbauen müssen, was vermutlich die Vertriebsleistung reduziert hätte. Auch den Produktionsleiter konnte er nicht dazu bringen, die Losgrößen zu reduzieren. Dadurch wären nämlich die Rüst- und damit auch die Produktionskosten gestiegen. Daher sah der Logistikleiter nur einen Ausweg: Die Bestände auf Kosten des Servicelevels zu senken. Er berichtete dies dem Vorstand, der daraufhin das Projekt stoppte. Es wurde dann gemeinsam mit anderen Projekten in eine groß angelegte, funktionsübergreifende Supply-Chain-Transformation integriert, in die unter anderem Produktion und Vertrieb eingebunden waren. Das Beispiel zeigt, dass lokale Initiativen scheitern können und Entscheidungen, die mehrere Abteilungen betreffen, zentral getroffen werden müssen.

Transformations-Champions planen den Umbau ihrer Lieferkette ganzheitlich und zentral. »Das Ganze ist mehr als die Summe seiner Teile«, wusste schon Aristoteles. Und auch die Transformations-Champions haben erkannt, dass ein ganzheitliches Vorgehen notwendig ist, um den funktionsübergreifenden Wechselwirkungen im Gesamtsystem Wertschöpfungskette gerecht zu werden: 63 Prozent der Champions haben einen ganzheitlichen Optimierungsansatz gewählt, der zentral gesteuert und geplant wurde (siehe Abbildung 32). Die Koppelung eines ganzheitlichen Ansatzes mit einer zentralen Planung und Steuerung ist einleuchtend: Bei einer ganzheitlichen Supply-Chain-Transformation muss eine Reihe von Projekten koordiniert werden, und es muss gewährleistet sein, dass alle Beteiligten an der Optimierung der Supply-Chain arbeiten und nicht nur an der Optimierung ihrer eigenen Kennzahlen. Wichtig ist außerdem, dass alle Projektverantwortlichen die finanziellen Kennzahlen und die Nachhaltigkeit der Optimierungen im Hinterkopf behalten. Dies alles ist nur dann gewährleistet, wenn die Fäden an einer Stelle zusammenlaufen und das Programm zentral gesteuert wird.

Den großen Sprung wagen. Ein wesentlicher Vorteil der ganzheitlichen Verbesserung ist, dass sie das Potenzial für große Leistungssprünge birgt. Denn so können alle Funktionen in eine Richtung gelenkt werden, hin zum gemeinsamen Ziel, die Unternehmensstrategie als Ganzes optimal abzubilden. Dies sollte, im Gegensatz zur kontinuierlichen Verbesserung, innerhalb kurzer Zeit geschehen – eine Art Turboboost für das Unternehmen. Natürlich muss dafür auch der entsprechende Preis gezahlt werden: Ein vergleichsweise hoher Ressourcenaufwand, gestiegene Komplexität in

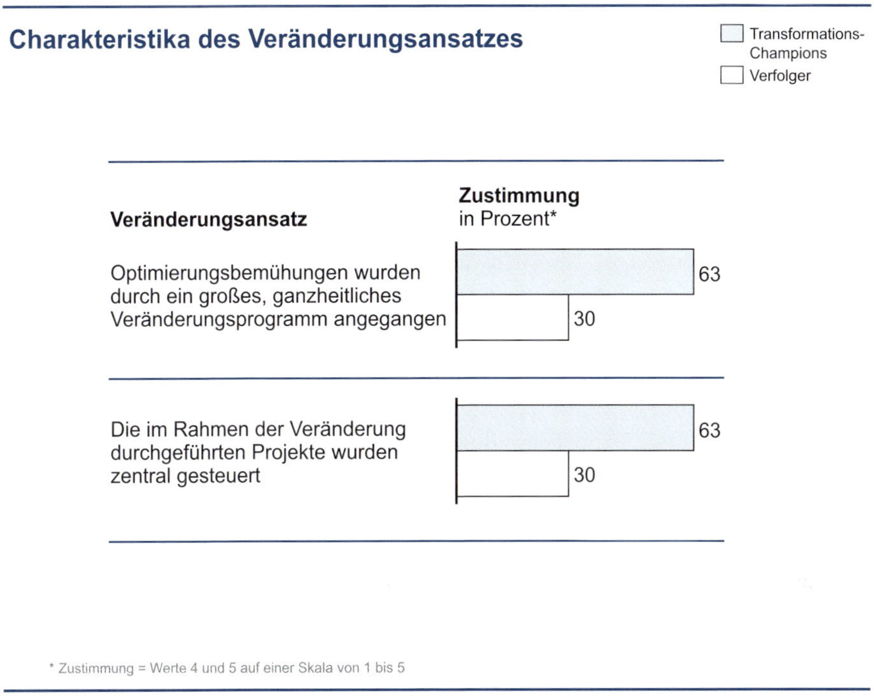

Charakteristika des Veränderungsansatzes

☐ Transformations-
Champions
☐ Verfolger

Veränderungsansatz	Zustimmung in Prozent*
Optimierungsbemühungen wurden durch ein großes, ganzheitliches Veränderungsprogramm angegangen	63 / 30
Die im Rahmen der Veränderung durchgeführten Projekte wurden zentral gesteuert	63 / 30

* Zustimmung = Werte 4 und 5 auf einer Skala von 1 bis 5

Abbildung 32

der Koordination der Aktivitäten und eine große Belastung der Mitarbeiter durch oft weitreichende Veränderungen, um nur einige Faktoren zu nennen. Wenn es aber darum geht, die eigene Supply-Chain wirklich zukunftssicher umzurüsten, insbesondere im Hinblick auf Zielkonflikte und Wechselwirkungen, führt an einer ganzheitlichen Transformation kaum ein Weg vorbei. Natürlich spricht nichts dagegen, kontinuierliche Verbesserungen zu betreiben, ganz im Gegenteil. Sie sind notwendig, damit das Transformationsprogramm langfristig ein Erfolg bleibt, und sind ein Muss nach dem Abschluss einer Transformation. Wenn es allerdings darum geht, innerhalb weniger Jahre große Leistungssprünge zu erreichen, bedarf es eines radikaleren Vorgehens, das nur zentral geplant werden kann.

In diesem Kapitel zeigen wir Ihnen, wie ein ganzheitliches Transformationsprogramm aufgebaut werden kann und wie man es zentral steuert und kontrolliert.

4.1 Das Verbesserungsprogramm gestalten: von der Strategie zur Einzelinitiative

Das Zusammenstellen geeigneter Verbesserungsmaßnahmen ist ein kritischer Schritt in einem Veränderungsprojekt – wobei der Begriff »Schritt« in diesem Zusammenhang untertrieben ist. Vielmehr handelt es sich um einen Prozess, der mit dem Streben nach Verbesserung beginnt (Kapitel 2); über eine geeignete Problemanalyse werden anschließend die Hauptprobleme und Stellhebel für die Verbesserung identifiziert (Kapitel 3). Erst auf dieser Grundlage kann ein Transformationsprogramm gestaltet werden, das aus einzelnen Stellhebeln gut steuerbare Initiativen mit dem jeweils richtigen Fokus macht. Mit der Transformations-Story schließlich wird das Programm den Mitarbeitern, Kunden und Lieferanten vermittelt (Kapitel 2).

In der Programmplanungsphase einer Transformation muss entschieden werden, welche Projekte durchgeführt und wie viele davon gleichzeitig vorangetrieben werden sollen. Es muss geklärt werden, wer sie umsetzt und wie sie thematisch in den Gesamtzusammenhang der Transformation einzuordnen sind. Wie in der Produktentwicklung gilt auch hier, dass kleine Fehler in der Planungsphase später große Probleme nach sich ziehen können. Werden beispielsweise zu viele Projekte gleichzeitig angegangen, ist die Gefahr groß, dass Mitarbeiter überfordert werden, der gemeinsame Fokus verloren geht und die Koordination der Aktivitäten zu komplex wird. Die Folge ist oft, dass die Begeisterung für weitere Initiativen stark nachlässt und nur schwer wieder entfacht werden kann.

Die Frage ist also: Welches Vorgehen ist am erfolgversprechendsten für ein stabiles, gut koordinierbares Verbesserungsprogramm? Wir haben uns wieder bei den Transformations-Champions umgeschaut; aus den unterschiedlichen Verbesserungsprogrammen dieser Unternehmen haben wir einige erkennbare methodische Gemeinsamkeiten herausgefiltert und sie zu einem Gestaltungskonzept verdichtet, das wir im Folgenden vorstellen. Zuerst gehen wir darauf ein, wie ein Verbesserungsprogramm strukturiert werden kann, anschließend zeigen wir sinnvolle Gestaltungsregeln für die jeweiligen Strukturebenen auf.

Die Transformation auf drei Ebenen strukturieren. Genau wie beim Roll-out gilt auch für das Gesamtprogramm: Es ist so gewaltig, dass man es in kleine Häppchen zerlegen muss, um sich nicht daran zu verschlucken. Der Ausgangspunkt ist die Unternehmensstrategie. Aus der Unternehmensstrategie leitet sich die Transformationsagenda ab (zum Beispiel exzellenten Kundenservice zu niedrigen Kosten anbieten), aus dieser wiederum die Transformationsthemen und daraus die Transformationsinitiativen (siehe

Abbildung 33). Auf diese Weise wird das große Ganze, die Transformation, beherrschbar und es ist gewährleistet, dass die Initiativen tatsächlich einem Gesamtplan, der Transformationsagenda, folgen. Auch die Zuordnung von Verantwortlichkeiten und die Messung des Projektfortschritts werden durch die Bildung von kleineren Arbeitseinheiten leichter. Damit steht das Grundgerüst für die Projektplanung.

Aufbau eines Transformationsprogramms

Diagnose

Lücke zur Erfüllung der
Unternehmensstrategie

Identifizierte
Hauptstellhebel

Transformationsagenda
(Ebene 1)

Transformationsthemen
(Ebene 2)

Transformationsinitiativen
(Ebene 3)

Transformations-
Story

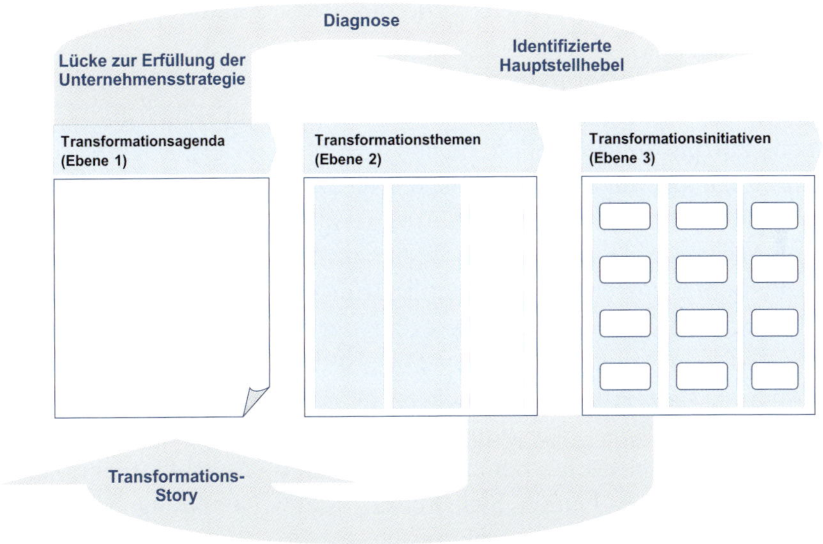

Abbildung 33

Ebene 1 – Transformationsagenda. Auf einer übergeordneten Ebene des Transformationsprogramms ist das grundlegende Ziel angesiedelt, das das Programm erreichen soll. Beispiel: Verbesserung der Supply-Chain-Prozesse durch Erhöhung des Servicelevels bei gleichzeitiger Senkung von Beständen und Logistikkosten. Dieses Ziel steht in direktem Zusammenhang mit der Unternehmensstrategie beziehungsweise repräsentiert einen Teil davon; die Unternehmensstrategie könnte in diesem Fall zum Beispiel lauten, Serviceführer in der Branche zu werden. Bei der Formulierung der Agenda ist es sinnvoll, nicht alle Supply-Chain-Dimensionen (siehe Kapitel 3) gleichzeitig optimieren zu wollen, sondern Schwerpunkte zu setzen. Entsprechend müsste die Transformationsagenda umformuliert werden, wenn die Unternehmensstrategie beispielsweise eher auf eine Kosten- als auf eine Serviceführerschaft abzielte.

Die Transformationsagenda spiegelt also die strategischen Ziele der Transformation wider und gibt für einen Zeitraum von fünf bis zehn Jahren die Marschrichtung der Supply-Chain-Optimierung vor. Die Agenda ist aber nicht unbedingt statisch, sondern kann innerhalb dieses Zeitraums erweitert werden, etwa wenn einzelne Transformationsthemen abgeschlossen wurden oder sich neue Möglichkeiten oder Potenziale ergeben. Sie ist der Ausgangspunkt für die Supply-Chain-Analyse, die wir bereits in Kapitel 3 vorgestellt haben, und zusammen mit den Ergebnissen dieser Analyse bildet sie die Grundlage für die Definition der Transformationsthemen, die die nächste Ebene des Transformationsprogramms bilden.

Ebene 2 – Transformationsthemen. Auf der zweiten Ebene des Transformationsprogramms finden sich die Themen, mit denen die Ziele der Agenda erfüllt werden sollen. Zu unserem obigen Beispiel einer Transformationsagenda würden zum Beispiel die Themen »Komplexitätsreduktion« oder »Optimierung des Auftragserfüllungsprozesses« passen. Sie ergeben sich direkt aus der Supply-Chain-Analyse beziehungsweise sind Zusammenfassungen einzeln identifizierter Stellhebel.

Die genannten Beispiele entsprechen der bereichsübergreifenden Sicht auf die zu bearbeitenden Themen. Dies ist die geläufigste Art, Themen zu definieren. Eine Alternative dazu ist die Gliederung der Themen nach Geschäftsbereichen, also zum Beispiel »Transformation des Bereichs Konsumentenklebstoffe« bei einem Konsumgüterhersteller, eine weitere die Mischung aus beiden Sichtweisen (siehe Abbildung 34). Nur im Einzelfall sinnvoll ist eine funktionsbezogene Sicht (zum Beispiel »Vertriebsoptimierung«), da diese ja genau den lokalen Optimierungen entspräche, die mit einem ganzheitlichen Transformationsprogramm vermieden werden sollten.

Ob die Transformationsthemen nach Geschäftseinheiten oder bereichsübergreifend definiert werden, hängt vom strategischen Umfeld und den operativen Gegebenheiten ab. Sind die strategischen Herausforderungen und Chancen eher geschäftsspezifisch und die grundlegenden Prozesse von Einheit zu Einheit unterschiedlich, werden die Themen eher nach Geschäftsbereichen definiert. Sind die strategischen Herausforderungen der einzelnen Geschäftseinheiten dagegen ähnlich und gleichen sich die Prozesse, so ist ein bereichsübergreifender Ansatz vorteilhafter. Ein Mischansatz wird dann verwendet, wenn eine eindeutige Einteilung aller Themen in diese beiden Kategorien nicht möglich ist; in diesem Fall können zum Beispiel einzelne Programme zur gezielten Verbesserung einzelner Geschäftseinheiten mit mehreren unternehmensweiten strategischen oder operativen Themen kombiniert werden.

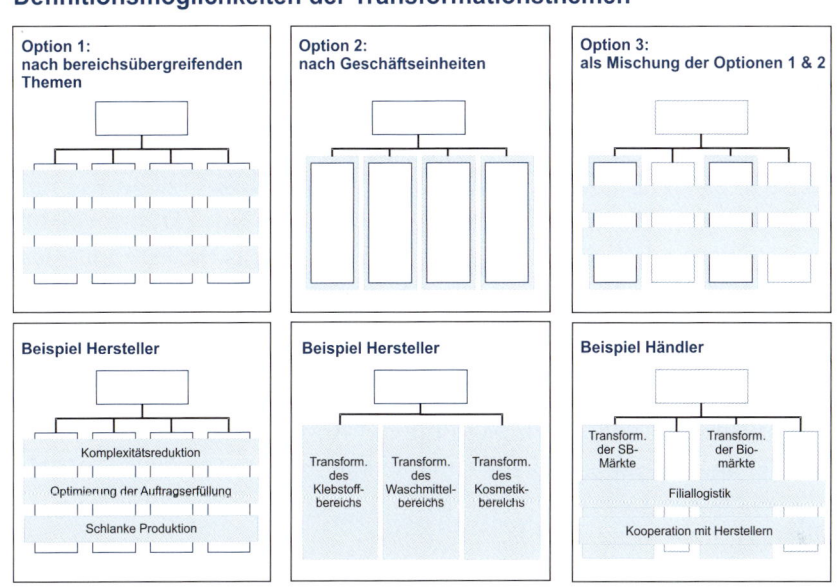

Abbildung 34

Damit sich das Top-Management auf die wichtigsten Themen konzentrieren kann, ist es sinnvoll, sich auf wenige zu beschränken, diese aber recht breit zu fassen. In der Regel werden innerhalb eines Transformationsprogramms drei bis sechs Themen definiert. So kann in den meisten Unternehmen jeweils ein Vorstandsmitglied als Schirmherr für ein Thema ernannt werden. Um unnötigen Abstimmungsrunden, Kompetenzrangeleien und Verantwortlichkeitsfragen vorzubeugen, bietet es sich an, die Themen überschneidungsfrei zu definieren. Das hat auch den Vorteil der inhaltlichen Klarheit; zudem können die Projektteams erst einmal unabhängig voneinander an ihren Themen arbeiten und müssen nicht koordiniert werden. Die Themen lassen sich besser vermitteln, wenn sie einfach und ansprechend formuliert sind; zugleich sollte durch die Formulierung deutlich werden, dass die ausgewählten Themen in ihrer spezifischen Zusammenstellung das Ziel der Transformationsagenda erfüllen können.

Die Themen bleiben über einen Zeitraum von zwei bis vier Jahren unverändert – ein häufiges Ändern der Themen oder ihrer Bezeichnungen würde Mitarbeiter, Kunden und Investoren verunsichern. Die Themenkontinuität fördert zudem die konzentrierte Arbeit der Projektteams. Umso wichtiger ist es deshalb, die richtigen Themen zu identifizieren und festzulegen. Wenn einzelne Themen abgeschlossen sind, können sie durch neue ersetzt oder vollständig gestrichen werden.

Ebene 3 – Transformationsinitiativen. Auf der dritten Ebene des Transformationsprogramms finden sich die konkreten Initiativen, in denen die eigentlichen Ergebnisse des Programms erarbeitet werden. Die Initiativen (oder Projekte) haben gewöhnlich eine Laufzeit von 6 bis 30 Monaten. Im Gegensatz zu den Transformationsthemen ist es bei den Initiativen durchaus sinnvoll, einige früher als geplant abzubrechen oder deren Fokus zu ändern; hier sind Experimente erlaubt (siehe Kapitel 3). Wie viele und welche Initiativen unter dem Dach eines Transformationsthemas angesiedelt sind, hängt stark vom Thema selbst und dessen Komplexität ab. Ein guter Richtwert sind drei bis zehn Initiativen pro Transformationsthema. Dabei ist eine relativ ausgeglichene Aufteilung der Initiativen auf die Themen von Vorteil, da oft ein Vorstandsmitglied als Schirmherr für jeweils ein Thema auftritt und so die Arbeit gleichmäßig verteilt werden kann. Grundlage für die Auswahl der Initiativen ist die vorangegangene Supply-Chain-Analyse und die Priorisierung der Potenziale (siehe auch den folgenden Kasten »Supply-Chain-Turnaround bei Gillette«).

Bei der Zusammenstellung der Initiativen gibt es, abgesehen vom kurzfristigen finanziellen Verbesserungspotenzial, noch einen weiteren wichtigen Faktor, der oft aus den Augen verloren wird: die Zukunftssicherung des Unternehmens. Es ist daher sinnvoll, den Initiativen-Mix daraufhin zu überprüfen, ob beide Aspekte berücksichtigt sind (siehe Abbildung 35). Bei einer einseitigen Konzentration auf die kurzfristige Erfolgssicht beschränken sich Unternehmen zu sehr auf die Erhöhung der aktuellen Leistung und vernachlässigen notwendige Innovationen ebenso wie den Aufbau von Kapazitäten und Fähigkeiten für die Zukunft. »Unsere dominierende Kenngröße sind die Quartalsergebnisse«, wäre eine typische Aussage, die ein Vertreter eines solchen Unternehmens machen würde. Von einer Konzentration auf die langfristige Erfolgssicht ist allerdings ebenso abzuraten, denn in diesem Fall ist der Blick der Unternehmen zu starr auf die Zukunft und ihre künftige Aufstellung gerichtet und zu wenig darauf, dass die aktuellen Zahlen stimmen. Eine typische Aussage hierzu wäre: »Mach die richtigen Dinge – dann stellen sich die Ergebnisse schon von selbst ein«.

Das Transformationsprogramm und die Transformations-Story. Ist die Zusammenstellung des Transformationsprogramms abgeschlossen, können die Ergebnisse genutzt werden, um die in Kapitel 2 vorgestellte Transformations-Story zu entwerfen. Die Transformationsthemen bilden dabei die Kapitel der Story und die Initiativen deren Inhalte.

Kurz- und langfristige Erfolgssicht

	Kurzfristige Erfolgssicht Heute und morgen gut aussehen	Langfristige Erfolgssicht Kapazitäten und Fähigkeiten aufbauen, um die Leistung in der Zukunft zu erhalten und zu erhöhen
Eine Fußball-mannschaft managen	• Spiele und Titel gewinnen • Die Fans und Investoren zufriedenstellen	• Eine starke Mannschaft mit Zukunft aufbauen • In die Jugendarbeit investieren • Ein Stadion bauen und erhalten
Die nationale Wirtschaft steuern	• Wachsendes verfügbares Einkommen sicherstellen • Sozialleistungen bereitstellen	• In Ausbildung und Infrastruktur investieren • Schutz von Mensch und Natur
Ein Unternehmen führen	• Die Erwartungen der Aktionäre über gute Quartalszahlen erfüllen • Dividende ausschütten	• Inspirierende Visionen und Führung • Investitionen in Training, Forschung und Entwicklung, Marken, Standorte etc. • Robuste Anreizsysteme und Firmenpolitik
Die Supply-Chain optimieren	• Bestände senken • SKU^G-Anzahl verringern • Durchlaufzeiten reduzieren • Servicelevel erhöhen	• Supply-Chain-Organisation ausbauen • Supply-Chain-Akademie ausbauen* • Prozesse unternehmensübergreifend optimieren

* Siehe Kapitel 7

Abbildung 35

Supply-Chain-Turnaround bei Gillette: Programmplanung und -umsetzung

Fortsetzung des Fallbeispiels aus Kapitel 3

Die vier Hauptthemen, die das Gillette-Projektteam in der Analysephase identifizierte, waren: Reduzierung der Prozess- und Produktkomplexität, Verbesserung der Nachfrage- und der Auslieferungsplanungsprozesse sowie Aufbau einer Organisationsstruktur, die die Supply-Chain-Ziele unterstützt (siehe Abbildung 36). Pro Thema wurden zwei bis drei Initiativen gestartet, die aus Sicht von Gillette die Hauptstellhebel für die Lösung der Supply-Chain-Probleme waren. Im Folgenden beschreiben wir anhand einzelner Initiativen, wie durch sie die Hauptprobleme der jeweiligen Transformationsthemen gelöst wurden.

Reduzierung der Komplexität. Ein Beispiel für das Problem Komplexität war die Anzahl der aktiven Artikel bei Gillette: Vor Beginn des Verbesserungsprogramms gab es zu viele kunden- und länderspezifische Artikel (Stock Keeping Units – SKUs^G). Die Verpackungen eigentlich identischer Produkte für Kanada und die USA beispielsweise waren in vielen Fällen unterschiedlich und bildeten dadurch gesonderte Lagerpositionen. Gepaart mit einer geringen Prozessdisziplin konnte dies früher oder später nur zu Lieferausfällen oder zu hohen Beständen führen.

Aufbau des Transformationsprogramms bei Gillette

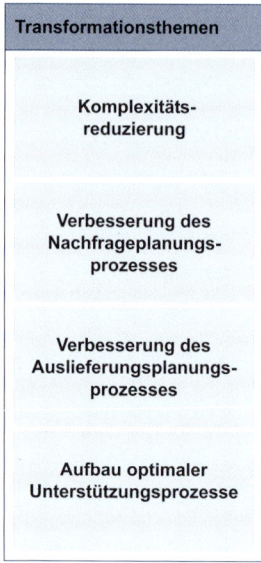
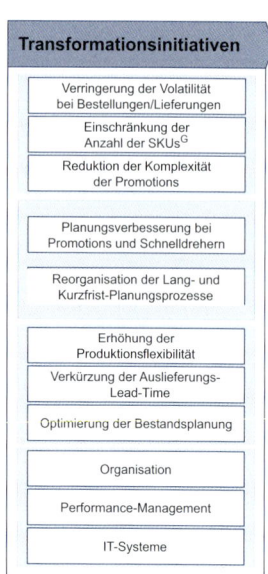

Transformationsagenda	Transformationsthemen	Transformationsinitiativen
Verbesserung der Supply-Chain-Prozesse durch Steigerung des Servicelevels bei gleichzeitiger Reduzierung der Bestände und der Logistikkosten	**Komplexitäts-reduzierung**	Verringerung der Volatilität bei Bestellungen/Lieferungen
		Einschränkung der Anzahl der SKUs^G
		Reduktion der Komplexität der Promotions
	Verbesserung des Nachfrageplanungs-prozesses	Planungsverbesserung bei Promotions und Schnelldrehern
		Reorganisation der Lang- und Kurzfrist-Planungsprozesse
	Verbesserung des Auslieferungsplanungs-prozesses	Erhöhung der Produktionsflexibilität
		Verkürzung der Auslieferungs-Lead-Time
		Optimierung der Bestandsplanung
	Aufbau optimaler Unterstützungsprozesse	Organisation
		Performance-Management
		IT-Systeme

Quelle: Duffy 2004

Abbildung 36

Um dieses Problem zu beheben, wurden in der Initiative »Einschränkung der Anzahl der SKUs« zum Beispiel Verpackungen vereinheitlicht, »tote« SKUs aus dem System genommen und unrentable Artikel gestrichen. Außerdem wurde ein Prozess eingeführt, auf dessen Basis monatlich über die Zukunft schlecht laufender Produkte entschieden wurde. Durch all diese Maßnahmen wurde die Anzahl der SKUs um mehr als 30 Prozent gesenkt. Das zeigte sofort Wirkung: Die Planer konnten sich intensiver mit den wirklich wichtigen Produkten beschäftigen, in der Produktion konnten Rüstvorgänge verringert und Bestände schneller umgeschlagen werden.

Verbesserung des Nachfrageplanungsprozesses. In der Diagnosephase hatte das Projektteam einen Hauptgrund für die geringe Zuverlässigkeit der Nachfrageprognosen identifiziert: Im bisherigen Planungsprozess wurde die zu erwartende Nachfrage von finanziellen Zielwerten des Marketings aus bestimmt und nicht von der tatsächlich zu erwartenden Nachfrage des Marktes. Dadurch lagen Planung und Realität oft weit auseinander.

Der logische Schritt war eine Entkopplung der Planung der zu erwartenden Stückzahlen von den finanziellen Zielen. Weiterhin wurden die Nachfrageplaner, die zuvor organisatorisch beim Vertrieb angesiedelt waren, unter einer neu geschaffenen Abteilung für Nachfrageplanung zusammengelegt, um eine unabhängige Sicht auf die Nachfrageplanung zu gewährleisten. Um die vorliegenden Informationen zur Nachfrage noch besser zu verstehen, wurden die monatlichen Nachfragedaten in Schnelldreher, Promotions und Langsamdreher aufgeteilt. Die Promotions wurden noch weiter differenziert, zum Beispiel nach Promotions mit Sonderpackungsgrößen oder mit speziellen Displays für die Warenpräsentation. Seitdem hat sich insbesondere die Prognosequalität von Saisonartikeln und Promotions wesentlich verbessert.

Verbesserung des Auslieferungsplanungsprozesses. Eine der größten Sorgen bereiteten die durchweg hohen Bestände. Kein Wunder: Vor Beginn der Transformation wurden sie nur auf Grundlage der Erfahrungen der Bestandsplaner und auf Ebene der jeweiligen Produktfamilie geplant. Die Entscheidung über die generelle Bestandshöhe wurde nur jedes halbe Jahr kontrolliert und gegebenenfalls angepasst. Im Allgemeinen galt die Faustregel: Jede Produktgruppe bekommt undifferenziert 35 Tage Bestand. Im Zusammenspiel mit der schlechten Verfassung des restlichen Auftragserfüllungsprozesses war dies der Grund dafür, dass Gillette einen der höchsten Bestandswerte der Branche hatte.

Eine der Maßnahmen im Zuge der Neuausrichtung der Bestandsplanung waren umfangreiche Fortbildungen der Bestandsplaner, in denen sie die komplizierten Mechanismen hinter den Schalthebeln der Supply-Chain kennenlernten. Ein Schwerpunkt der Trainings waren die Funktion und der Einsatz von Sicherheitsbeständen. Für manche Produkt- und Kundengruppen wurden Vendor Managed Inventory (VMI[G]) und Just-in-Time-Belieferung (JIT) eingeführt. Eine weitere Maßnahme war die konsequente Bereinigung und Synchronisation der im IT-System hinterlegten Produktbezeichnungen; hier hat Gillette auch einen Großteil der Kunden mit eingebunden.

Aufbau optimaler Unterstützungsprozesse. Gemäß der ursprünglichen Organisationsstruktur war die Supply-Chain-Abteilung zuständig für die Bestandsplanung, den Betrieb der Lager und die Logistik, der Vertrieb dagegen für die Nachfrageplanung, das Promotion-Management und den Kundenservice. Die beiden Funktionen waren zwei unterschiedlichen Führungskräften zugeordnet. Die Folge: Niemand war für den Auftragserfüllungsprozess als Ganzes zuständig, so dass gegenseitige Schuldzuweisungen an der Tagesordnung waren.

Diese funktionsorientierte Sicht auf die Supply-Chain wurde im Laufe des Projekts zugunsten einer integrierten Sicht aufgegeben, um die Erfolge der anderen Maßnahmen nicht durch Zielkonflikte zu gefährden: Alle genannten Aufgaben wurden unter einem Managementteam zusammengefasst, das seitdem die alleinige Verantwortung für Kundenservice, Bestände und Supply-Chain-Kosten trägt. So hat der Kunde einen Ansprechpartner für alle Anfragen und die Mitarbeiter auf den verschiedenen Stufen der Supply-Chain können effizienter miteinander kommunizieren. Dadurch hat sich das Verständnis aller Beteiligten für die eigenen Prozesse, aber auch für die der Kunden grundlegend verbessert.

Quelle: Duffy 2004

4.2 Alle Fäden in einer Hand: So steuern Sie das Verbesserungsprogramm

Um in der Vielzahl von Aktionen, Initiativen und Themen, die bei einem Großprojekt wie einer Supply-Chain-Transformation anstehen, nicht den Überblick zu verlieren, entscheiden sich die Champions klar für eine zentrale Steuerung ihrer Programme (siehe Abbildung 32). Das überrascht kaum, da sie ja dieselben Unternehmen sind, die auch eine ganzheitliche Transformation durchgeführt haben – und solch ein Vorhaben wäre ohne ein zentrales Koordinationsteam nicht vorstellbar.

Die Aufgaben dieses Koordinationsteams gehen weit darüber hinaus, den einzelnen Projektteams »auf die Finger zu klopfen«, wenn sie ihre Ziele nicht erfüllen. Vielmehr spiegelt dieses Team – wir nennen es im Folgenden Programmbüro – den ganzheitlichen Ansatz und Anspruch einer Supply-Chain-Transformation wider, indem es während der gesamten Dauer der Transformation in verschiedenen Rollen zwischen Management und Mitarbeitern vermittelt. Deshalb ist es sinnvoll, dass die Mitglieder des Programmbüros schon in die Analysephase einbezogen sind. Der Vorteil: Sie bekommen sehr früh einen Einblick in die Probleme, die mit dem Transformationsprogramm angegangen werden sollen. Nach der Analyse gestalten sie das Programmdesign mit, bringen die Umsetzung der Transformation in Schwung und überwachen schließlich deren Erfolg. Wie dies konkret aussehen kann und wie das Programmbüro aufgestellt wird, beschreiben wir in den folgenden Abschnitten.

Das Programmbüro – überall dabei. Das Programmbüro muss die Projektteams steuern, es muss aber auch selbst mit anpacken, sonst ist der Erfolg der Transformation gefährdet. Zieht sich das Programmbüro auf die Steuerung zurück, fühlen sich die Linienmitarbeiter allzu leicht abgekoppelt und uneins mit den »von oben diktierten« Veränderungen. Deshalb organisiert man das Programmbüro am besten als einen Mix aus Teilzeitkräften, die ihre Linienfunktion zu 50 Prozent weiter ausüben, und ein bis drei Vollzeitkräften, die die Arbeit im Programmbüro auf jeden Fall erledigen können, auch wenn es in der Linie »wieder einmal brennt«. Eine Doppelfunktion in Linie und Programmbüro auszuüben ist insbesondere für den Leiter des Programmbüros sinnvoll, da er sich sonst im Kompetenzkampf mit den Führungskräften der Kernorganisation schwer durchsetzen kann – was die Aufgabe auch unattraktiv für »Schwergewichte« und Leistungsträger machen würde. Gerade diese sind aber notwendig, um die erforderlichen Ressourcen zu mobilisieren und das Vertrauen der Mitarbeiter und Projektteams für die Veränderung zu gewinnen.

Organisation des Programmbüros (PB)

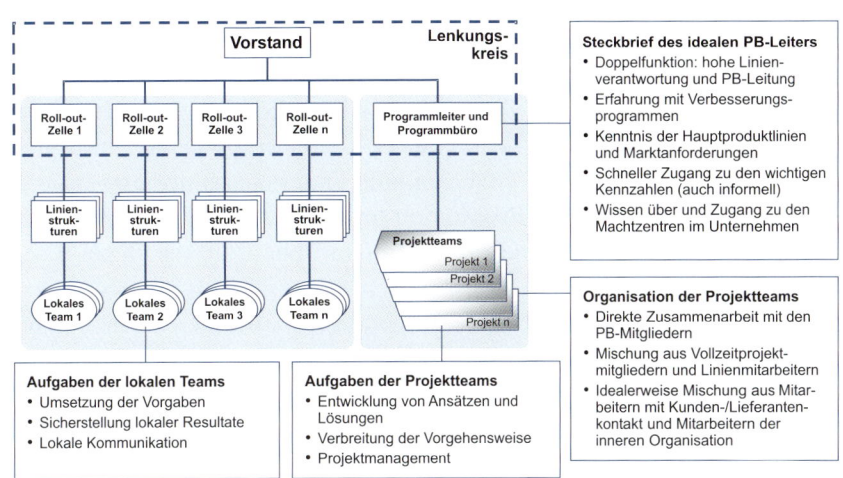

Abbildung 37

Nicht nur im Programmbüro, sondern auch in den Projektteams ist eine Mischung aus Linien- und Vollzeitmitarbeitern ideal. Der Vorteil: Die Projektmitarbeiter haben die Aufgabe, die Transformationsinitiativen zusammen mit den lokalen Mitarbeiterteams umzusetzen; hier können die Teilzeit-Projektmitglieder aus der Linie ihr Wissen über das tatsächliche Arbeitsumfeld einbringen und sicherstellen, dass die entwickelten Lösungen auch wirklich umsetzbar sind; sie können zudem auf mehr Unterstützung der Betroffenen vor Ort bauen. Die Vollzeit-Projektmitglieder dagegen verfügen über spezielle inhaltliche Expertise und treiben das Projektmanagement voran; so können sie auch an mehreren Initiativen gleichzeitig arbeiten.

Optimal ist eine Mischung aus Mitarbeitern mit direktem Kunden- oder Lieferantenkontakt und Mitarbeitern aus den administrativen Kernbereichen des Unternehmens – ganz im Sinne des Mikrokosmos-Ansatzes (siehe Kapitel 3). Erstere können die Perspektive von Kunden und Lieferanten einnehmen und widerspiegeln, welche Chancen oder Probleme sich aus deren Sicht aus den Veränderungen durch die Transformation ergeben. Mitarbeiter aus der Verwaltung können oft den Zugang zu wichtigen Kernfunktionen wie Controlling oder Personalwesen beschleunigen.

Aller Anfang ist schwer – aber das Programmbüro hilft. Schon zu Beginn des Transformationsprozesses hat das Programmbüro eine wichtige Aufgabe: Es muss das Top-Management bei der Analyse und dem

Design des Transformationsprogramms methodisch und inhaltlich unterstützen. Oft wechseln daher die Mitglieder des Analyse- und Planungsteams nach getaner Arbeit in das Programmbüro. In der späteren Planungsphase sind die Team-/Programmbüro-Mitglieder auch dafür zuständig, Rollen und Verantwortlichkeiten für die Zeit der Transformation festzulegen. Sie stellen die Projektteams für die einzelnen Initiativen zusammen und legen im Dialog mit diesen Teams fest, wie die Zusammenarbeit auf operativer Ebene ablaufen soll. Das Programmbüro kann die Projektteams außerdem bei Problemen unterstützen und dafür ein Netzwerk von externen und internen Experten aufbauen, auf die es bei Bedarf zurückgreifen kann.

Gemeinsam festlegen, wie Erfolge gemessen werden sollen. Vor dem Kick-off, dem Start des Transformationsprogramms, sollte das Programmbüro zusammen mit den Projektteams und den lokalen Teams festlegen, wie die Erfolge der einzelnen Initiativen gemessen werden und wer für die Zielerreichung verantwortlich ist. Das ist wichtig, damit alle Beteiligten im weiteren Verlauf des Programms wissen, was sie zu tun haben, und es für keine Seite zu unangenehmen Überraschungen kommt. Das Programmbüro ist aber auch dafür verantwortlich, den Teams die für die Zielerreichung notwendigen Ressourcen zuzuordnen und diese je nach Situation wieder umzuschichten. Das beinhaltet auch die Entscheidung darüber, welches Linienpersonal den jeweiligen Initiativen wie lange zur Verfügung steht.

Informieren und Transparenz schaffen. Nachdem klar ist, wer was zu tun hat, ist die nächste Aufgabe des Programmbüros, die Transformation »auf den Weg zu bringen«. Dazu wird es auf Grundlage der Transformations-Story allen Mitarbeitern des Unternehmens die Inhalte und Beweggründe für die Transformation nahebringen und bei einem Kick-off-Meeting den offiziellen Startschuss für alle Programmbeteiligten geben. Auch im weiteren Programmverlauf kann das Programmbüro als zentrale Stelle für die unternehmensweite Kommunikation der Transformation dienen, einschließlich der Erstellung der Kommunikationsinhalte. Es ist also in der laufenden Transformation dafür verantwortlich, auf allen Ebenen Transparenz zu schaffen: hinsichtlich des Programmfortschritts, der eventuellen Umsetzungsprobleme, der Ergebnisse und Erfolge. Ein guter Zeitpunkt dafür ist das Erreichen wichtiger Etappen in den Initiativen.

Fehler nur einmal machen. Das Programmbüro übernimmt auch die kritische Funktion des zentralen Gedächtnisses des Veränderungsprogramms. Besonders wichtig ist diese Funktion zwischen den Roll-out-Wellen: Das Programmbüro ist dabei die Sammelstelle für die Erfahrungswerte aus den jeweils vorangegangenen Phasen und dafür zuständig, dass diese an die Verantwortlichen der jeweils folgenden Phasen weitergegeben werden. So lässt sich die Zahl der Wiederholungsfehler eingrenzen; zugleich können Prioritäten und Programminhalte zeitnah angepasst werden.

Die Initiativen koordinieren. Durch seine übergeordnete, integrative Perspektive hat das Programmbüro die besten Voraussetzungen, aber auch die große Verantwortung, die Schnittstellen der Initiativen miteinander zu koordinieren. Dazu muss das Programmbüro den Überblick über den Projektfortschritt aller Teams und Initiativen behalten. Hilfreich sind dabei die Umsetzungs- oder Meilensteinpläne der einzelnen Projektteams; mit diesen Plänen kann das Programmbüro in festgelegten Abständen die tatsächlichen Fortschritte abgleichen. Sollten Probleme auftreten (zum Beispiel beim Ressourceneinsatz), kann das Programmbüro in Workshops als Vermittler und Moderator zwischen den Initiativen auftreten (Kaplan/Norton 2005).

Von der funktionalen Sicht zum prozessorientierten Organisationsmodell bei SIG Combibloc

SIG Combibloc ist einer der führenden Hersteller von aseptischen Abfüllsystemen und Packmaterialien für die Getränke- und Nahrungsmittelindustrie, zum Beispiel für H-Milch oder Säfte.

Als SIG im Jahr 2002 die Ergebnisse einer Kundenzufriedenheitsstudie analysierte, zeigte sich, dass es im Bereich Auftragsabwicklung Optimierungspotenzial gab: Die Kunden waren überwiegend sehr zufrieden, sahen aber Verbesserungsbedarf bei den Lieferzeiten, insbesondere bei neuen Druckdesigns für Verpackungen. Ein anschließendes Benchmarking mit den Wettbewerbern zeigte bei diesen ein ähnliches Verbesserungspotenzial. Damit war klar: Wenn es SIG gelänge, seine Leistung in diesem Bereich zu steigern, würden sich daraus Wettbewerbsvorteile für das Unternehmen ergeben.

Im ersten Schritt wurde ein Team aus verschiedenen Bereichen der Supply-Chain zusammengestellt (Vertrieb, Repro-Druckmanagement, Einkauf, Produktion, Logistik), das die Lieferkette detailliert analysierte. Diese Analyse zeigte schnell, dass niemand für die Kontrolle der gesamten Kernprozesse der Supply-Chain verantwortlich war. Die Abteilung Repro-Druckmanagement sorgte für die Bearbeitung der Druckvorlagen der Kunden und deren Umsetzung in Druckzylinder für die Produktion der Verpackungen. Der Vertrieb war dafür zuständig, die Kundenaufträge entgegenzunehmen und die Getränkeverpackungen pünktlich zu disponieren. Die Mitarbeiter der Produktionsplanung steuerten den Prozess von der Produktion bis zur Auslieferung. Der Einkauf und das Materialmanagement sorgten für die Verfügbarkeit der wichtigsten Rohstoffe für die Produktion. Die Logistik schließlich organisierte die Transporte und die Belieferung der Kunden. Eine übergeordnete Abstimmung der Ziele der Bereiche fand kaum statt. Die Folge: Standardlieferzeiten von acht Wochen innerhalb Europas für Verpackungen mit neuen Druckdesigns.

Auf der Grundlage dieser Analyse wurde ein Transformationsprogramm erarbeitet. Dessen Ziel waren abgestimmte Informations- und Warenflüsse von den Kunden zu den Lieferanten – und umgekehrt – und somit eine ganzheitliche Optimierung des Auftragserfüllungsprozesses. Großkunden wie Coca-Cola beteiligten sich über eine von SIG entwickelte IT-Lösung daran, kontinuierlich Nachfragedaten zu übermitteln; Lieferanten wurden durch Vendor Managed Inventory aktiver in die Supply-Chain eingebunden. Der Kern des Programms waren jedoch interne Verbesserungen: Das Projektteam definierte gemeinsam mit den Mitarbeitern der betreffenden Bereiche die Auftragsabwicklungsprozesse neu und gestaltete sie mittels neuer IT-Lösungen effizienter. Außerdem wurden ein umfangreiches Supply-Chain-Controlling, eine verbesserte, ganzheitliche Kapazitäts- und Materialplanung und vor allem eine neue Organisationsstruktur eingeführt. Die Verantwortung für den gesamten Auftragsabwicklungsprozess ist nun im Bereich Supply-Chain-Management gebündelt – von der Bestellungsannahme über die Produktion bis hin zur Auslieferung. Durch diese tiefgreifenden Maßnahmen ist es SIG Combibloc gelungen, seine durchschnittlichen Lieferzeiten neuer Designs innerhalb von drei Jahren fast zu halbieren und damit einen wichtigen Beitrag zur Stärkung seiner Wettbewerbsposition zu leisten.
Quelle: Richartz/Rieger 2006

Die kundenorientierte Transformationsagenda

Auf den ersten Blick sehen die Lieferketten für schnelldrehende Konsumgüter gleich aus, weil sich die Unternehmen und deren Kunden ebenso ähneln wie die Produktmerkmale (von Tiefkühl- und Frischeprodukten einmal abgesehen). Doch auf den zweiten Blick wird deutlich: Viele dieser Supply-Chains sind zwar effizient, aber letztlich wenig wirkungsvoll. Die Ursache dafür ist die mangelnde Kundenorientierung: Nur wenige Konsumgüterhersteller haben ihre Lieferkette vollständig auf die Wertschöpfung des Kunden ausgerichtet. Dieses Versäumnis hat gravierende Folgen. Drei Beispiele:

Regallücken. Ein großes europäisches Konsumgüterunternehmen konnte mit einem permanenten Servicelevel von 98 Prozent im Vertriebszentrum seines Einzelhändlers glänzen. Doch bei der entscheidenden Kennzahl, der Warenverfügbarkeit in den Filialen, erreichte es aufgrund von Problemen bei der Regalbestückung nur noch 85 Prozent.

Wartezeiten. Bei einem anderen Hersteller ergab die Analyse der Auftragsbearbeitungsprozesse, dass fast 90 Prozent der Lieferzeit auf Warte- und Leerzeiten entfielen. Fatal sind solche Verzögerungen insbesondere für Anbieter von Frischeprodukten – während entsprechende Verbesserungen zum entscheidenden Wettbewerbsvorteil werden können.

Mengenschwankungen. Die meisten Unternehmen wollen noch immer ihre Losgrößen maximieren, statt ihre Produktion besser auf die Kundennachfrage abzustimmen. Die Konsequenz sind häufig Fehl- und Überbestände von bis zu 50 Prozent. So zeigte sich bei einem Hersteller, dass die Schwankungsbreite seiner Produktion dreimal so groß war wie die der Kundennachfrage.

Die Lösung: eine kundenorientierte Transformationsagenda. Erfolgreiche Konsumgüterhersteller wie Procter & Gamble begreifen die Supply-Chain inzwischen als strategisches Instrument für mehr Wachstum. Sie haben mit ihrer Transformationsagenda »Mehr Kundenorientierung« die Supply-Chain ganz neu ausgerichtet. Wie eine solche kundenorientierte Transformationsagenda eines Konsumgüterstellers einschließlich der einzelnen Transformationsthemen und weiterer Einzelinitiativen aussehen kann, stellen wir im Folgenden vor (siehe Abbildung 38).

Die drei Transformationsthemen der kundenorientierten Supply-Chain

1 Kundenorientiertes Angebot

- Produkt- und Dienstleistungssegmentierung
- Warenstrom
- Netzwerkdesign

2 Kundenorientierte Prozesse

- Kooperation mit Handel
- Schlanke Prozesse
- Verzahnung mit Zulieferern

3 Kundenorientierte Organisation

- Performance-Management
- Integrierte Organisation
- Einstellungen und Fähigkeiten

Abbildung 38

1. Transformationsthema: kundenorientiertes Angebot

Am Anfang steht die Analyse und damit die Frage: Wie müsste das Unternehmen sein Angebot differenzieren und individualisieren, um Kunden einen optimalen Nutzen zu bieten? Allerdings bedeutet stärkere Differenzierung zugleich mehr Komplexität und damit höhere Kosten – die sich nur rechnen, wenn feststeht, wie viel die Kunden für welche Leistungen zu zahlen bereit sind.

Produkte und Dienstleistungen segmentieren. Letztlich geht es also darum, Produkte und Services zu entwickeln, die bei minimaler operativer Komplexität ein Maximum an Individualität bieten. Der Schlüssel hierzu ist eine Segmentierung des Angebots. Das beinhaltet zweierlei:

- Zum einen stellt der Hersteller ein Leistungsmenü zusammen, aus dem die Händler auswählen können – von unterschiedlichen Lieferzeiten über den Servicelevel bis hin zu Liefergrößen und -frequenzen. Mit leistungsabhängigen Konditionen stellt er gleichzeitig sicher, dass jeder Kunde nur diejenigen Services in Anspruch nimmt, die er tatsächlich braucht und für die er auch zu zahlen bereit ist.

- Zum anderen standardisiert der Hersteller seine Produktplattformen (zum Beispiel als Basis für die Entwicklung neuer Produkte) und verhindert damit die unnötige Ausdifferenzierung seines Angebotsportfolios.

**Beispiel für eine Transformationsinitiative –
Definition von segmentierten Warenströmen**   PRAXISBEISPIEL

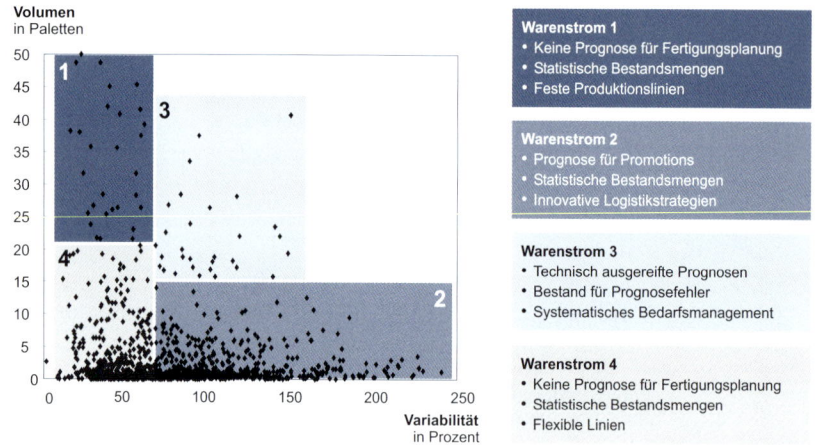

Abbildung 39

Warenströme für die Segmente optimieren. Nach der Neugestaltung des Angebots gilt es, den Warenfluss zu optimieren, und zwar für jedes einzelne Segment (siehe Abbildung 39). Das bedeutet für viele Unternehmen einen Paradigmenwechsel: Das Liefersystem, das bisher für alle Händler galt, wird ersetzt durch mehrere Systeme, mit denen der Hersteller seine Kunden individuell bedienen kann. Grundlage hierfür ist die systematische Bündelung von Artikeln zu Warenströmen. Ein Beispiel:

- Warenstrom 1 – Massenartikel mit geringer Variabilität für einen großen Kunden: Dieser Artikel kann gleich am Ende der Produktionslinie auf einen Lkw geladen und direkt an den Kunden geliefert werden. Eine kurze Lieferzeit, ein großes Gesamtvolumen und eine geringe Variabilität sprechen für eine eigene Linie mit sehr kleinem Sicherheitsbestand.
- Warenstrom 2 – mehrere Artikel mit geringem Absatz und hoher Variabilität: Hier sind Prognosen sinnvoll, wobei idealerweise in Auftragsfertigung auf einer flexiblen Linie produziert und in der Logistik Crossdocking^G eingesetzt wird.

Ein großer amerikanischer Konsumgüterhersteller schätzt, dass er seine Bestände dank eines mehrgleisigen Liefersystems um 20 bis 30 Prozent verringern könnte. Warenströme zu definieren ist dabei der Ausgangspunkt für die Optimierung sämtlicher Logistikstrukturen auf der Basis spezifischer Anforderungen.

Optimales Netz knüpfen. Ein kundenorientiertes Angebot bereitzustellen bedeutet auch, Produktionsstandorte und das Distributionsnetz optimal auszurichten (Netzwerkdesign). Bei der Auswahl von Produktionsstandorten und dem Zusammenfügen der Lieferkette, einschließlich der Festlegung von Lagerstätten, sollte das Unternehmen neben den Produktions- und Distributionskosten auch Servicelevel und Lieferzeit berücksichtigen. Wie sehr sich das auszahlt, belegen Untersuchungen in der Konsumgüterindustrie: Die besten Hersteller geben nur etwa 3 Prozent ihres Umsatzes für Logistik aus – und das bei Servicelevels von nahezu 100 Prozent und einer Reichweite der Fertigwarenbestände von bis zu zehn Tagen.

2. Transformationsthema – kundenorientierte Prozesse

Nachdem das Produkt- und Serviceangebot sowie die Warenströme auf die Kunden zugeschnitten wurden, geht es beim zweiten Transformationsthema darum, auch die Prozesse an die Kundenanforderungen anzupassen.

Schnittstelle zwischen Industrie und Handel managen. Nun kommt es darauf an, Kundenzufriedenheit und Kosteneffizienz in jedem einzelnen Glied der Lieferkette zu institutionalisieren. Die beste Voraussetzung hierfür ist eine enge Kooperation zwischen Industrie und Handel – sie ist entscheidend für die Verbesserung des gesamten Supply-Chain-Systems. Ein Beispiel: Durch die Optimierung operativer Prozesse mittels regalfertiger Verpackungen und anderer kooperativer Ansätze konnten Hersteller und Händler ihre Schnittstellenaktivitäten (Lieferung und Platzierung am Verkaufspunkt) um 40 bis 60 Prozent reduzieren und zugleich die Warenverfügbarkeit deutlich erhöhen.

»Lean« vermeidet Verschwendungen. Nicht zuletzt um die vielfältigen Ursachen von Verschwendung zu beseitigen, können auch Konsumgüterunternehmen die schlanken Produktionsprozesse aus der Automobilindustrie nutzen. Führende Konsumgüterhersteller in den USA und Europa haben auf diese Weise ihre Fertigungskosten um bis zu 15 Prozent gesenkt, während sie ihre Flexibilität und Zuverlässigkeit noch steigern konnten.

Lieferanten einbeziehen. Erhebliches Verbesserungspotenzial gibt es auch auf Zuliefererseite. So sollten die Hersteller ihre Lieferanten enger in die Optimierung des Produktportfolios einbinden, deren Supply-Chain mit der eigenen verzahnen und sie dazu bewegen, stärker auf die Bedürfnisse der Händler einzugehen. Profitieren werden davon Hersteller wie Händler – und natürlich die Verbraucher.

3. Transformationsthema – kundenorientierte Organisation

Einem Marktumfeld, das sich ständig wandelt, können Unternehmen nur mit einer speziell darauf ausgerichteten Organisation begegnen – einer Organisation, in der kundenorientierte Geschäftsstrukturen, Prozesse, Systeme und Fähigkeiten verankert sind und weiterentwickelt werden, um die Leistungsfähigkeit zu erhalten und zu verbessern. Drei Initiativen stehen daher hier im Mittelpunkt:

Performance-Management. Die gesamte Organisation bis hinunter zu den operativen Teams, etwa in der Produktion oder im Vertrieb, sollte auf kundenorientierte Geschäftsziele ausgerichtet sein. Das setzt voraus, dass entsprechend relevante Leistungskennzahlen gemessen werden.

Integrierte Organisation. Um schnelle, effektive funktionsübergreifende Entscheidungsprozesse zu erreichen, stellen erfolgreiche Unternehmen von einer funktionalen auf eine horizontale Organisationsstruktur um. Sie bündelt alle für die kundenorientierte Leistung wichtigen Funktionen und verantwortet Kosten, Service und Bestände gleichermaßen (siehe Abbildung 40).

Von funktionalen zu horizontalen Prozessen in einer kundenorientierten Organisation

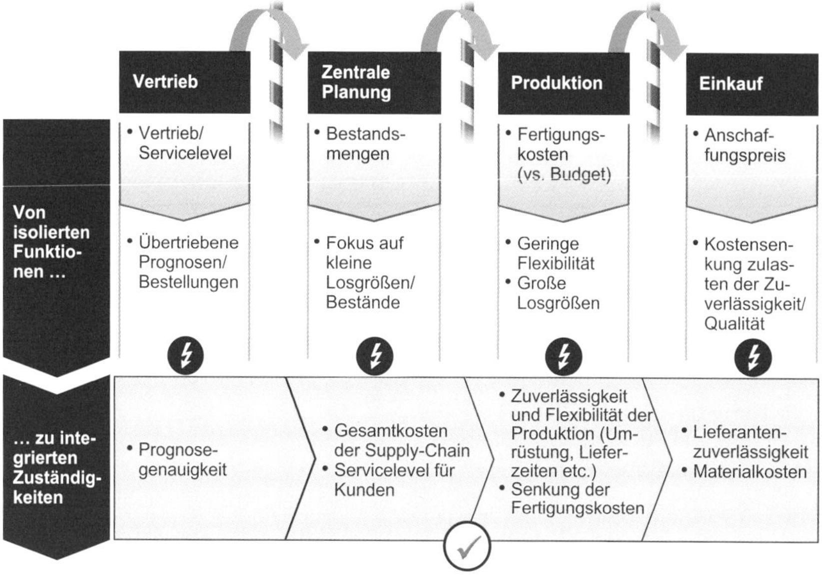

Abbildung 40

Einstellungen und Fähigkeiten. Kundenorientierung im Unternehmen durchzusetzen erfordert ausgeprägte Führungsqualitäten. Diese durch passende Weiterbildungs- und Mentoringmaßnahmen nicht nur im Top-Management, sondern vor allem auch im operativen Bereich zu fördern, sollte ein wesentlicher Bestandteil der Personalentwicklung sein.

5

Klare Ziele und laufende Kontrolle: Wer nicht weiß, wohin er will, kommt auch nicht an

In den vorangegangenen Kapiteln haben Sie erfahren, wie Sie eine Supply-Chain-Transformation richtig planen und starten. Über die Kenntnis Ihrer Transformationsthemen und -initiativen hinaus brauchen Sie aber auch genaue Vorgaben für Ihr Tun. Das bedeutet: Sie müssen klare Ziele für die Transformation festlegen und diese laufend kontrollieren. Die Transformations-Champions haben auch hierfür überzeugende Lösungen gefunden. Sie setzen sich anspruchsvolle Ziele und kontrollieren die Zielerreichung über ein solides Messsystem. Einige Transformations-Champions gehen sogar noch einen Schritt weiter: Sie initiieren bereits während der Transformation einen kontinuierlichen Verbesserungsprozess, mit dem sie die Latte stetig ein bisschen höher legen. In diesem Kapitel zeigen wir Ihnen, wie Sie ein Messsystem aufbauen, Verantwortlichkeiten festlegen, Ziele definieren, aber auch, wie Sie mit Leistungsdefiziten umgehen.

5.1 Das Kennzahlensystem: Transparenz an der richtigen Stelle

Ziel einer Supply-Chain-Transformation ist die nachhaltige Verbesserung der Supply-Chain-Leistung. Die Erarbeitung und Umsetzung von Maßnahmen zur Leistungssteigerung ist jedoch nur dann sinnvoll, wenn der Nutzen den Aufwand übersteigt. Das A und O ist hier Transparenz. Denn nur wenn Management und Mitarbeiter Nutzen und Aufwand den einzelnen Maßnahmen verursachungsgerecht zuordnen können, können sie auch die richtigen Entscheidungen treffen. Die notwendige Transparenz bringt ein Kennzahlensystem. Ein gutes Kennzahlensystem hilft während und auch nach der Transformation, Supply-Chain-Daten detailliert, korrekt und regelmäßig zu erheben und diese zu einigen wenigen Kennzahlen zu verdichten. Nur so kann die gewünschte Leistungssteigerung quantifiziert und kontrolliert werden.

Kennzahlen aus der Unternehmensstrategie ableiten. Um ein Kennzahlensystem zu erstellen, müssen Sie zunächst bestimmen, welche Kennzahlen in Ihrem individuellen Fall am wichtigsten sind. Das entscheidende Auswahlkriterium ist Ihre Unternehmensstrategie. Auf dieser aufbauend müssen die Kennzahlen so gewählt werden, dass sie im operativen Geschäft problemlos verwendet werden können. Die Leistungsparameter auf der obersten Ebene der Kennzahlenhierarchie – daher auch Key Performance Indicators (KPIs) genannt – dienen der Überwachung der gesamten Supply-Chain und decken die Dimensionen Service und Aufwand ab. Üblicherweise sind dies der Servicelevel beziehungsweise die Regalverfügbarkeit, die Logistikkosten und der Bestand (siehe Kapitel 1).

Generell empfiehlt es sich, drei bis fünf KPIs zu verwenden. Nur so kann der Vorstandsvorsitzende oder Geschäftsführer die Supply-Chain-Leistung im Blick behalten; schließlich kommen auch noch andere Kennzahlen – etwa aus dem Vertrieb oder dem Marketing – auf seinen Tisch. Bei einer überschaubaren Anzahl von KPIs ist zudem die Chance größer, dass das operative Management der Supply-Chain im Fokus des Top-Managements bleibt. Idealerweise werden die Supply-Chain-Kennzahlen in eine Scorecard integriert. So können sie vom Top-Management in jeder Berichtsrunde hinterfragt werden.

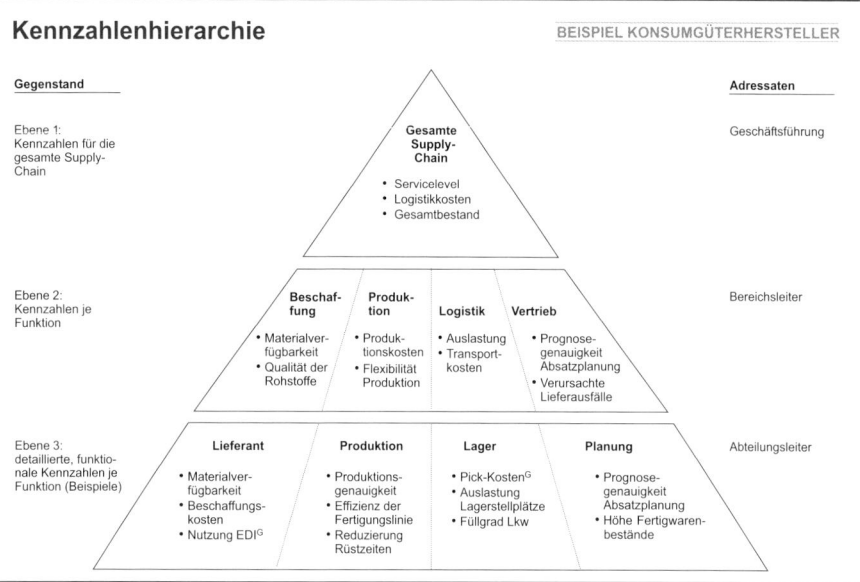

Abbildung 41

Für jede Ebene der Hierarchie die richtige Kennzahl. Auf der obersten Ebene reichen die Kennzahlen Servicelevel, Logistikkosten und Bestand häufig aus, mit ihnen allein kann die Supply-Chain jedoch nicht gesteuert werden. Sie stehen vielmehr an der Spitze einer Hierarchie von Kennzahlen (siehe Abbildung 41). Auf den Ebenen darunter müssen nach Bedarf weitere Kennzahlen für die einzelnen Funktionen entlang der Supply-Chain ergänzt werden. Für Hersteller können dies Beschaffung, Produktion, Logistik, Planung und Vertrieb sein, bei Händlern Lieferantenmanagement, Planung, Zentral- und Filiallogistik. Adressaten sind üblicherweise die Bereichsleiter. Eine Ebene tiefer folgen detaillierte, funktionale Kennzahlen zur Steuerung der täglichen operativen Prozesse. Funktionale Kennzahlen tragen dazu bei, Problembereiche noch schneller aufzudecken. Für die Fertigung können dies zum Beispiel »Produktionsgenauigkeit« oder »Effizienz der Fertigungslinien« sein. Für das Zentrallager im Einzelhandel wären »Lkw-Auslastung« oder »Pick-Kosten^G« entsprechende Beispiele.

Für die Ableitung der richtigen Kennzahlen: Werttreiberbäume. Jede Ebene der Hierarchie, das haben wir eben gesehen, benötigt die richtige Kennzahl. Welche das in ihrem Fall jeweils ist, können Unternehmen über so genannte Werttreiberbäume ableiten. Dafür müssen zunächst die übergeordneten Werttreiber der Logistik des jeweiligen Unternehmens identifiziert werden; das sind die Faktoren, die über die Effizienz und Effektivität der Logistikprozesse bestimmen. Ausgangspunkt hierfür ist wieder die Unternehmensstrategie. Im Beispiel in Abbildung 42 lautet die Unternehmensstrategie, die Rendite auf das eingesetzte Kapital – auch Return on Net Assets (RONA) – zu steigern. Hier gilt es also, die Einflussfaktoren der Logistik auf den RONA zu finden: Der Supply-Chain-Manager kann die Rendite über mehr Umsatz, geringere Kosten oder weniger eingesetztes Kapital steigern. Um beispielsweise das eingesetzte Kapital zu reduzieren, kann er sich den Bestand und die Anlagen ansehen. Im Lager etwa bedeutet weniger Kapital eine möglichst hohe Auslastung der verfügbaren Palettenstellplätze. Beim Erstellen der Werttreiberbäume ist darauf zu achten, dass die wesentlichen Ansatzpunkte und Optionen abgedeckt werden, sonst besteht die Gefahr, dass wichtige Einflussgrößen unter den Tisch fallen. Allerdings müssen nicht alle vorhandenen Stellhebel in eine Kennzahl münden. Kennzahlen sollten nur die Stellhebel abbilden, die eine große Wirkung haben und gleichzeitig leicht beeinflusst werden können.

Smarte Kennzahlen. Sind die Kennzahlen ausgewählt und ist ihre Hierarchie festgelegt, muss als Nächstes sichergestellt werden, dass sie im ganzen Unternehmen einheitlich definiert sind. Für die Definition von Kennzahlen gibt es eine einfache Regel: Sie sollten SMART sein – einfach (*S*imple), messbar (*M*easurable), erreichbar (*A*chievable), ergebnisorientiert (*R*esult-oriented) und zeitnah erfassbar (*T*imely):

- **Einfach.** Einfache Kennzahlen sind klar definiert, leicht zu verstehen, und sie kommen ohne komplexe Berechnungsalgorithmen aus.
- **Messbar.** Daten für die Berechnung liegen entweder vor oder können schnell und unkompliziert ermittelt werden. Die Definition sollte für alle Filialen, Standorte oder Bereiche standardisiert sein. Nur so ist ein valider Vergleich zwischen unterschiedlichen Standorten möglich.
- **Erreichbar.** Die Definition einer Kennzahl muss so präzise sein, dass eindeutig Verantwortliche benannt werden können, die in der Lage

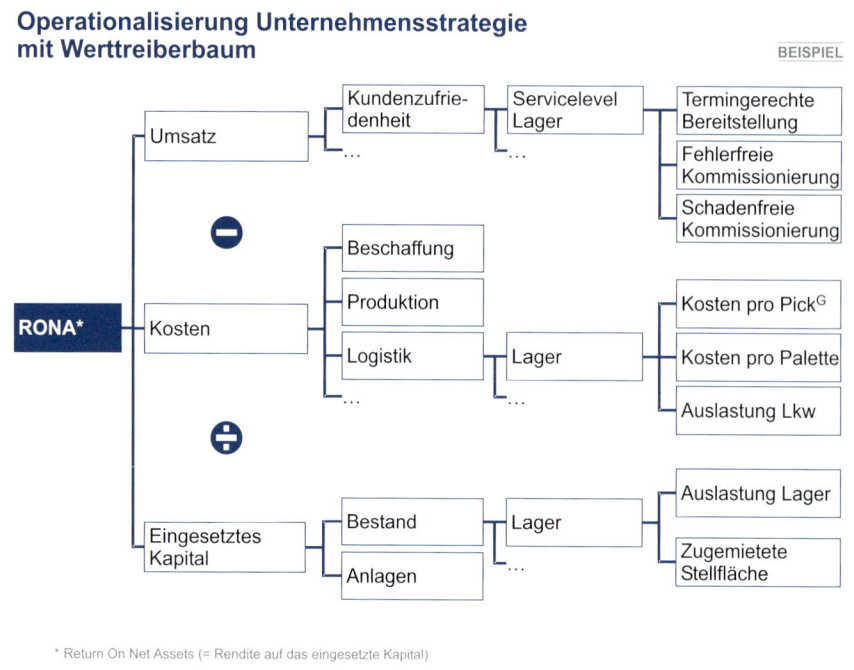

Operationalisierung Unternehmensstrategie mit Werttreiberbaum

BEISPIEL

* Return On Net Assets (= Rendite auf das eingesetzte Kapital)

Abbildung 42

sind, diese Kennzahl auch überwiegend zu beeinflussen. Alternative Einflüsse auf die Kennzahl oder Nebeneffekte sollten bedacht und möglichst gering gehalten werden. Hierzu zählen zum einen »Hintertürchen«, die eine Zielerreichung über Umwege ermöglichen, und zum anderen unerwünschte Nebeneffekte. Misst eine Kennzahl zum Beispiel die Anlagenverfügbarkeit, können unerwünschte Nebeneffekte zu viel präventive Wartung, zu viel Wartungspersonal oder eine zu hohe Ersatzteilhaltung sein. Diese gilt es über separate Kennzahlen zu erfassen, zum Beispiel über die Gesamtkosten der Instandhaltung.

- **Ergebnisorientiert.** Kennzahlen müssen so ausgewählt werden, dass sie das Erreichen des Unternehmens- beziehungsweise Bereichsziels unterstützen.
- **Zeitnah erfassbar.** Hier gilt es, einen Trade-off zwischen Kosten und Häufigkeit zu finden. Die Messung sollte so getaktet sein, dass Abweichungen zeitnah bemerkt und entsprechend schnell Gegenmaßnahmen eingeleitet werden können.

Das Ergebnis sollten Kennzahlendefinitionen sein, die die Kennzahl exakt beschreiben und zudem Auskunft geben über die Datenquellen, den

Prozess und die Frequenz der Erhebung, die verantwortlichen Bereiche sowie die quantitativen Ziele.

Überschneidungen zwischen Bereichen berücksichtigen. Im Supply-Chain-Management kommt es oft vor, dass sich die Verantwortungen der Bereiche überschneiden, beispielsweise für Bestände oder Produktionskosten. Im Einzelhandel etwa hat der Einkauf ein natürliches Interesse daran, möglichst hohe Stückzahlen zu kaufen, um die nächste Rabattstaffel zu erreichen. Die Zentrallogistik dagegen ist an geringen Beständen interessiert, da geringe Bestände weniger Stellplatz im Zentrallager beanspruchen. Und die Filialen plädieren wiederum für möglichst hohe Bestände, um Regallücken zu vermeiden. Dieses Konfliktpotenzial kann nur dadurch entschärft werden, dass alle diese Bereiche an der Bestandshöhe gemessen werden und dass nur ein Bereich dafür die Verantwortung übernimmt. Nur so lässt sich verhindern, dass im Unternehmen Einzelinteressen auf Kosten des Gemeinwohls durchgesetzt werden können (siehe Kapitel 6, »Auch den ›Soft Factors‹ Rechnung tragen«).

5.2 Ziele: die Latte nicht zu niedrig legen

Das Kennzahlensystem schafft Transparenz, so dass der Erfolg von Maßnahmen im Zuge der Supply-Chain-Optimierung bewertet, überprüft und gegebenenfalls nachgesteuert werden kann. Aber auch der genaue quantitative Anspruch der Supply-Chain-Transformation muss definiert werden. Die Festlegung der Zielwerte ist eine Trade-off-Entscheidung: Zu hohe Vorgaben versprechen zwar einen großen Leistungssprung, können jedoch die Mitarbeiter demotivieren. Niedrige Vorgaben fördern Selbstvertrauen und Motivation der Mitarbeiter, allerdings besteht auch die Gefahr, dass der Ergebnisbeitrag hinter dem tatsächlich Erreichbaren zurückbleibt. Schauen wir uns die Transformations-Champions und Verfolger an. Wir haben die Unternehmen gefragt, wie gut die Transformationsziele erreichbar waren. Abbildung 43 zeigt, dass die Verfolger deutlich häufiger als die Transformations-Champions leicht erreichbare Ziele gesetzt haben (79 Prozent gegenüber 60 Prozent Zustimmung). Die Transformations-Champions legen die Latte also generell höher als die Verfolger.

So setzt man Ziele. Nicht nur hinsichtlich der Höhe der Ziele kann man von den Transformations-Champions lernen. Bei der Art der Zielableitung verwenden sie verschiedene Ansätze und kombinieren diese. Folgende Ansätze haben wir bei den Champions vorgefunden:

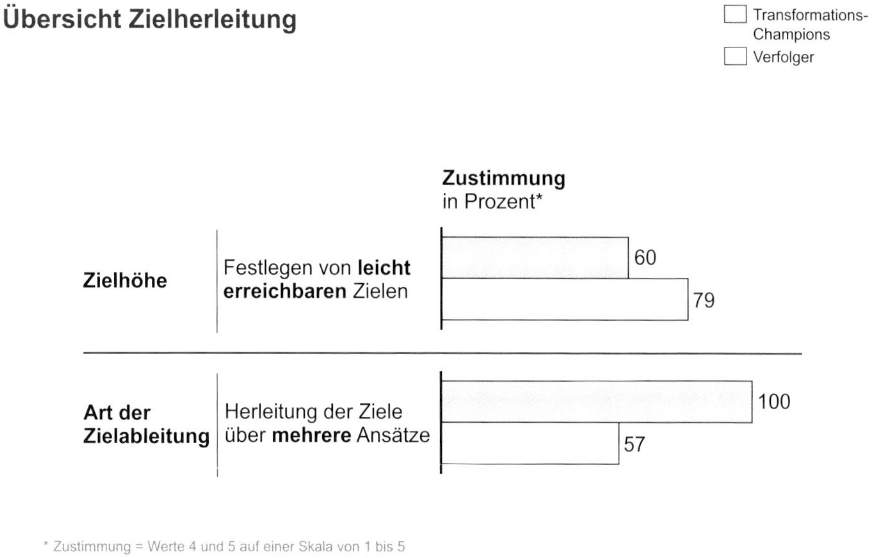

Übersicht Zielherleitung

☐ Transformations-
Champions
☐ Verfolger

Zustimmung
in Prozent*

Zielhöhe	Festlegen von **leicht erreichbaren** Zielen	60
		79

Art der Zielableitung	Herleitung der Ziele über **mehrere** Ansätze	100
		57

* Zustimmung = Werte 4 und 5 auf einer Skala von 1 bis 5

Abbildung 43

- **Kundenanforderungen.** Ausgangspunkt für eine Zielableitung aus Kundenanforderungen sind die Wünsche der Kunden. Auf Basis von Befragungen lassen sich kritische Grenzwerte ermitteln, bei denen sich das Kundenverhalten ändert. Bricht die Kundenzufriedenheit beispielsweise bei einer Lieferzeit von mehr als 48 Stunden dramatisch ein, gilt es, die 48 Stunden als Ziel festzuschreiben. Dieser Ansatz funktioniert allerdings nur für Kennzahlen, die der Kunde direkt bewerten kann, wie etwa für die Lieferzeit oder den Servicelevel.
- **Top-down-Ziele.** Top-down-Ziele sind Vorgaben des Managements. Sie bieten sich dann an, wenn sprunghafte Verbesserungen erwünscht sind, die mit einer grundlegenden Veränderung der Prozesse einhergehen. Beispielsweise kann das Management eines Unternehmens seinen Geschäftsbereichen das Ziel vorgeben, den Bestand innerhalb einer mehrjährigen Transformation um 30 Prozent zu senken. Voraussetzung hierfür sind fähige und motivierte Mitarbeiter, die zu 100 Prozent hinter den vorgegebenen Zielen stehen.
- **Bottom-up-Ziele.** Bottom-up-Ziele werden mittels eines konvergierenden Prozesses gesetzt: Zunächst nennt die Geschäftsführung eine Zielerwartung – eine grobe Richtschnur für das Erreichen der Unternehmensziele. Daraufhin erstellen Bereichs- und Abteilungsleiter Maßnahmenpläne. Die Zielerwartung hilft ihnen bei der Orientierung, jedoch müssen sie die erwarteten Ziele nicht zwangsläufig erreichen. Im

nächsten Schritt diskutieren Geschäftsführung und Führungskräfte die Maßnahmenpläne. Dabei loten sie aus, ob ein Bereich oder eine Abteilung noch mehr leisten kann oder bereits an der Grenze des Erreichbaren operiert. Bei Bedarf müssen die Führungskräfte die Maßnahmenpläne überarbeiten und sie erneut mit der Geschäftsführung abstimmen. Üblicherweise ergeben sich die Ziele in zwei bis drei Meetings. Häufig durchläuft der Prozess mehrere Ebenen der Unternehmenshierarchie, das heißt, zunächst werden Bereichsziele, dann Abteilungsziele und zum Schluss individuelle Ziele festgelegt. Voraussetzung für Bottom-up-Ziele sind Führungskräfte, die anhand von Verbesserungsideen belastbare Maßnahmenpläne aufstellen können. Der Ansatz ist immer dann vorteilhaft, wenn die Unterstützung und Mitwirkung der Beteiligten besonders wichtig ist.

- **Benchmarking.** Bei einer Zielableitung über ein Benchmarking dienen entweder vergleichbare Wettbewerber, Unternehmen aus anderen Branchen mit ähnlichen Bedingungen oder vergleichbare interne Einheiten, zum Beispiel Geschäftsbereiche, Werke, Filialen oder Lager, als Vergleichsmaßstab.
- **Theoretische Grenzwerte.** Bei der Nutzung theoretischer Grenzwerte basieren die Ziele auf Spezifikationen technischer Anlagen, Prozessbeschränkungen oder physikalischen Grenzen. Abhängig von einem nur theoretisch erreichbaren Maximalwert wird dann das konkrete Ziel festgelegt. Ist zum Beispiel die vom Hersteller eines Regalbediengeräts angegebene maximale Förderleistung 100 Picks[G] pro Stunde und liegt die tatsächliche Leistung bei 50 Picks, so ist klar, dass eine Verbesserung um mehr als 50 Picks pro Stunde nicht möglich sein wird. Ein ambitioniertes Ziel wären allerdings 75 Picks.

Erfolgreich mehrere Ansätze kombinieren. Die Transformations-Champions nutzen und kombinieren ohne Ausnahme mehrere der oben erläuterten Ansätze, während sich die Hälfte der Verfolger mit nur einem Ansatz begnügt. Das Vorgehen der Champions bietet einige Vorteile: Eine Mittelung mehrerer Werte aus verschiedenen Ansätzen ergibt realistischere und fundiertere Ziele als die Verwendung nur eines Werts. Dadurch werden die Ziele plausibler, was auch ihre Weitergabe an Manager und Mitarbeiter erleichtert. Zudem ist nicht jeder Ansatz für jede Situation geeignet, ein Repertoire von mehreren Ansätzen daher erfolgversprechender. Den einen richtigen Ansatz für die Ableitung von Zielen gibt es also nicht. Whirlpool, Hersteller von Weißer Ware, hat zwei Ansätze verwendet, um hieraus Ziele für eine überlegene Supply-Chain abzuleiten: Zunächst interviewte das Projektteam Vertriebsmitarbeiter und direkte

Kunden, um die Kundenanforderungen besser zu verstehen. Im Anschluss führten sie ein Benchmarking über öffentliche Quellen mit ihrem Hauptwettbewerber General Electric durch (Slone 2004).

5.3 Klare Verantwortung: auch Mitarbeiter an Kennzahlen und Zielen messen

Menschen fühlen sich nur dann für Ziele verantwortlich, wenn sie selbst am Erreichen der Ziele gemessen werden und diese beeinflussen können. Voraussetzung für Letzteres ist, dass sie 1. wissen, was von ihnen erwartet wird, 2. sowohl die Möglichkeiten als auch die Fähigkeiten besitzen, um die Ziele zu erreichen, und 3. die Konsequenzen der Zielerreichung und -verfehlung im Vorfeld kennen. Alle drei Elemente sind auch die Voraussetzung dafür, dass das Kennzahlensystem und die Transformationsziele effektiv eingesetzt werden können. Daher sollte die Gelegenheit der Supply-Chain-Transformation genutzt werden, um auf Mitarbeiterebene konkrete Verantwortungen für Ziele und Kennzahlen einzuführen.

Festlegen der individuellen Ziele. Wie schon beim Entwurf der Kennzahlenhierarchie kann auch bei der Festlegung mitarbeiter- und teamspezifischer Ziele das SMART-Prinzip (siehe »Smarte Kennzahlen« in diesem Kapitel) angewandt werden. Es eignet sich wegen seiner Überprüfbarkeit insbesondere für quantitative Ziele. Für qualitative Ziele empfiehlt es sich, Leistungsbeschreibungen anzufertigen. Die Beschreibung sollte anhand von Beispielen umreißen, was eine sehr gute Leistung beinhaltet und was sie von einer durchschnittlichen unterscheidet. Führungskräfte sollten für jeden Mitarbeiter einen Vorschlag ihrer Erwartungen erarbeiten, diesen anschließend mit ihm offen besprechen und gegebenenfalls im oder nach dem Gespräch anpassen. Das Ergebnis sind individuelle Zielvereinbarungen oder Team-Zielvereinbarungen. Abbildung 44 zeigt die Zielvereinbarung eines Lagerleiters. Sie umfasst zum einen quantitative Ziele mit dem Anspruch, die Leistung des Lagers im Zuge der Supply-Chain-Transformation zu verbessern, zum anderen Ziele zur persönlichen Weiterentwicklung und zur Entwicklung seines Teams.

Fähigkeiten auf- und ausbauen. Neben der klaren Formulierung der Ziele gilt es auch sicherzustellen, dass die Mitarbeiter die notwendigen Fähigkeiten besitzen, um die Ziele tatsächlich erreichen zu können. Fähigkeiten lassen sich in Erfahrung, Kenntnisse und Verhaltensweisen gliedern:

Zielvereinbarung Leiter Zentrallager

Ziel Lager im Rahmen der Supply-Chain-Transformation

Gebiet	Ist-Stand (31.12.2005)	Zielanspruch (31.12.2006)
• Produktivität (in MA-Stunden pro Einheit)	12	10
• Auslastung Lager	68 %	85 %
• Auslastung Lkw	75 %	82 %
• Fehler pro 1.000 Picks	25	12,5

Persönliche Ziele im Rahmen der Supply-Chain-Transformation

Gebiet	Verhalten	Zielkennziffer*
• Technische Kenntnisse	• Schulung Bedienung Kommissioniergerät	3
	• Schulung optimale Lkw-Beladung	2
• Weiterbildung/Entwicklung	• Kommunikationstraining	4
	• Weiterbildung Mitarbeiter	5
• Kultureller Wandel	• Vorleben Null-Fehler-Toleranz	5
	• Kontinuierliche Verbesserungsmentalität	4
• Performance-Management	• Entwicklung Zielvorgaben für Mitarbeiter	4

* Skala von 1 (gering) bis 5 (hoch)

Abbildung 44

- **Erfahrung.** Erfahrung ist zum Beispiel beim Führen von Mitarbeitern hilfreich. Gezielte Trainings, Coaching durch einen Mentor, aber vor allem Praxiserfahrung sind notwendig, um Führungskompetenzen aufzubauen oder weiterzuentwickeln.
- **Kenntnisse.** Kenntnisse sind zum Beispiel notwendig für bestimmte Aktivitäten in der Filiale, wie Disposition, Warenverräumung oder Kassieren. Sie können ebenfalls durch Trainings, vor allem aber wiederum durch Berufspraxis erlangt und ausgebaut werden.
- **Verhaltensweisen.** Der Auf- und Ausbau erwünschter Verhaltensweisen erfordert intensive Schulungen. Unter Verhaltensweisen ist die Reaktion der Mitarbeiter auf bestimmte Ereignisse zu verstehen. Neue Verhaltensweisen können zwar schematisch trainiert werden, eine Anwendung in der Praxis setzt aber auch eine Verinnerlichung der Gründe für die Notwendigkeit neuer Verhaltensweisen voraus, also die richtige Einstellung. Dazu muss insbesondere das Bewusstsein für die Wirkung eines bestimmten Verhaltens geschärft werden. Hier hilft vor allem, auf Verständnis zu setzen. Sollen sich zum Beispiel Teammitglieder gegenseitig unterstützen und intensiver als zuvor zusammenarbeiten, gilt es, die Vorteile dieses neuen Verhaltens aufzuzeigen und zu erklären.

Während der Zielvereinbarungsgespräche muss sorgfältig abgewogen werden, ob die notwendigen Fähigkeiten vorhanden sind oder ob gezielt formale Trainings, Coaching oder Learning on the Job das adäquate Format für die gewünschte Weiterentwicklung sind.

Leistungsanreize setzen. Gezielte Leistungsanreize unterstützen die Motivation der Mitarbeiter, indem sie diesen die Wertschätzung des Unternehmens für eine überdurchschnittliche Leistung vermitteln. Voraussetzung für das Setzen von Leistungsanreizen ist, dass das Vergütungssystem so ausgerichtet ist, dass es zwischen guter und schlechter Leistung unterscheidet. Die Anreize sind dann passend zum Vergütungssystem auszutarieren – denkbar ist eine gesonderte variable Vergütung, die Erhöhung der vorgesehenen variablen Zulage oder eine Erhöhung des festen Gehalts. Manager bewerten ihre Mitarbeiter lieber positiv als negativ. Deshalb kommt es häufig vor, dass die Leistung von 80 Prozent der Mitarbeiter als überdurchschnittlich deklariert wird. Dies birgt die Gefahr, dass die wirklich guten Mitarbeiter verprellt werden, da ihnen die adäquate Wertschätzung vorenthalten bleibt. Eine transparente und nachvollziehbare Gestaltung des Vergütungsprozesses vermeidet dies, zum Beispiel durch die Verknüpfung von Vergütung und Zielvereinbarung.

Der Kasten »Ziel- und Anreizsystem bei PepsiCo« beschreibt, wie PepsiCo sein Kennzahlen- und Zielsystem in der Praxis eingesetzt hat.

Ziel- und Anreizsystem bei PepsiCo

Persönliche Ziele. PepsiCo hat die Ziele für jeden Mitarbeiter an drei bis fünf Kennzahlen geknüpft, die sich von den Unternehmens- oder Geschäftsbereichszielen ableiten. Beispiele sind Marktanteil, Profitabilität oder die Anzahl neuer Produkte. Werden diese Einzelziele konsequent verfolgt, ergibt sich insgesamt ein beachtliches jährliches Umsatzwachstum von 12 Prozent. Zusätzlich wird jeder Mitarbeiter an ein bis drei individuellen Zielen gemessen, die aus den Ergebnissen eines Best-Practice-Vergleichs abgeleitet wurden. Die persönlichen Ziele sind bei PepsiCo kein Geheimnis, im Gegenteil: Die meisten Mitarbeiter kennen auch die Ziele ihrer Kollegen. Umsatzzahlen werden beispielsweise wöchentlich veröffentlicht. So kann es vorkommen, dass bei einem Ergebnisknick das Telefon klingelt und der Bereichsleiter bei einzelnen Mitarbeitern nach dem Grund fragt und bei Problemen seine Unterstützung anbietet.

Leistungsbewertung. Die Leistungsbewertung ist an das Erreichen der gesteckten Ziele geknüpft. Zusätzlich wird jeder Mitarbeiter an elf Führungskompetenzen gemessen. Zusammen ergibt sich daraus eine Kennzahl für die Gesamtleistung. Die Gesamtleistung aller Mitarbeiter eines Geschäftsbereichs muss bei PepsiCo einer vorgegebenen Verteilung entsprechen: Zu den Besten dürfen nur 5 Prozent der Mitarbeiter zählen, 30 Prozent müssen der Kategorie »lobenswert« zugerechnet werden, 62 Prozent sind als »kompetent« und 3 Prozent als »inakzeptabel« zu klassifizieren. Die Führungskräfte haben sicherzustellen, dass die Bewertung dieser Verteilung entspricht.

Anreizsystem. Das Anreizsystem ist ebenfalls institutionalisiert. Abhängig von der Gesamtleistung erhalten Mitarbeiter eine Gehaltssteigerung zwischen 0 Prozent und 12 Prozent. Zusätzlich gibt es einen variablen Bonus zwischen 25 Prozent und 75 Prozent des Grundgehalts. Dieser hängt zur Hälfte von der eigenen Leistung, zur anderen Hälfte von der Leistung des Geschäftsbereichs ab. Die Unternehmenskultur von PepsiCo ist damit stark auf Leistung ausgerichtet. Der Unternehmenserfolg der vergangenen Jahre gibt PepsiCo jedoch Recht: Der Umsatz stieg von 2003 bis 2005 um 21 Prozent, der Gewinn um 22 Prozent.

5.4 Performance-Reviews: über die Leistung reden

Das Kennzahlen- und Zielsystem kann während einer Supply-Chain-Transformation – und natürlich auch darüber hinaus – nur dann seinen Zweck erfüllen, wenn über Kennzahlen, auftretende Probleme oder Verbesserungsideen regelmäßig gesprochen wird. Bei den Transformations-Champions haben wir beobachtet, dass sie im Zuge der Transformation regelmäßige Meetings eingeführt haben, so genannte Performance-Reviews oder Performance-Dialoge. Um nachhaltige Verbesserungen zu erzielen, müssen offene Diskussionen zwischen Vorgesetzten und Mitarbeitern über die aktuelle Leistung, die Gründe für Abweichungen von den Vorgaben und, falls notwendig, über die Entwicklung von Gegenmaßnahmen stattfinden. Nur so können die Führungskräfte ihren Mitarbeitern bei der Problemlösung helfen.

Der Rhythmus muss stimmen. Bei der Einführung von Performance-Dialogen muss allen klar sein, dass die Leistungsziele kein Thema ausschließlich für Führungskräfte und Projektmitglieder sind, sondern dass alle Mitarbeiter, die an den operativen Prozessen entlang der Supply-Chain beteiligt sind, in die Dialoge eingebunden werden sollten. Spätestens hier wird also ein Großteil der Mitarbeiter im Supply-Chain-Management in die Transformation involviert.

Schon allein wegen der Vielzahl der Mitarbeiter ist die richtige Taktung der Gespräche entscheidend. Orientierung dafür bietet die Erhebungsbeziehungsweise Berichtsfrequenz der Kennzahlen, an die die Performance-Dialoge geknüpft werden sollen. Abbildung 45 verdeutlicht schematisch, wie die Taktung von Performance-Dialogen im Unternehmen aussehen kann. Die dargestellte Staffelung gibt den unteren Ebenen ausreichend Zeit, um selbstständig Probleme zu analysieren und Gegenmaßnahmen zu entwickeln. Auf allen Hierarchieebenen haben Mitarbeiter so die Möglichkeit, ihre Kreativität und Problemlösungsfähigkeit unter Beweis zu stellen. Es bietet sich an, alle Termine in einem Gesamtplan zusammenzufassen. So ist gewährleistet, dass die Daten aus allen Hierarchieebenen verfügbar und die Termine auf allen Ebenen bekannt sind – und es kann vermieden werden, dass einzelne Personen an einem Termin doppelt verplant werden oder wegen Abwesenheit nicht greifbar sind.

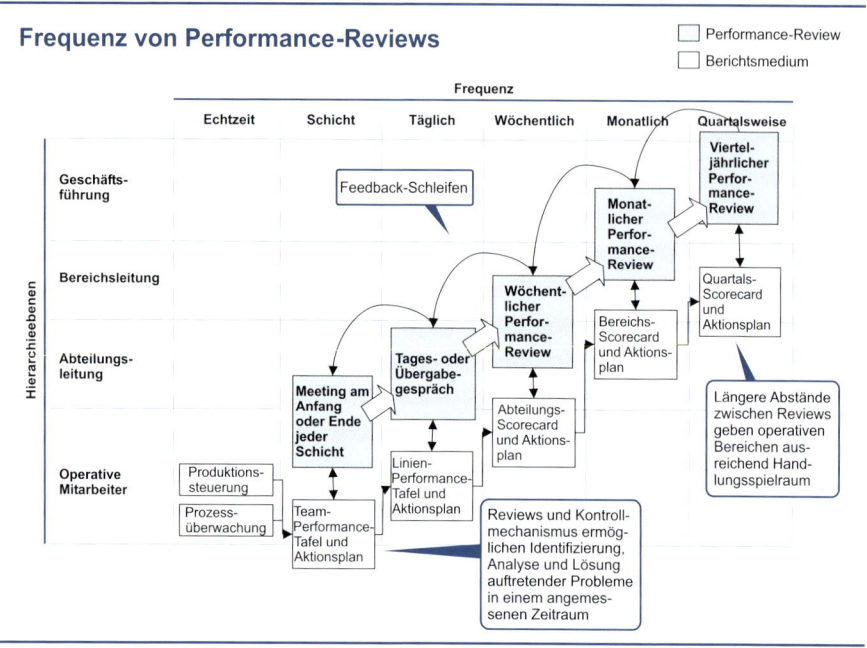

Abbildung 45

Weniger ist mehr. Von der Abteilungs- bis zur Geschäftsführungsebene bietet es sich an, die Performance-Reviews auf Grundlage zeitsparender elektronischer Berichte durchzuführen. Ist das Format für die Berichte einmal definiert, können sie anschließend automatisch erstellt werden. Dabei gilt: Weniger ist oft mehr. Idealerweise passen alle Informationen auf eine Seite. Auf dieser Basis können die wichtigsten Kennzahlen durchgesprochen, Probleme gesucht und Lösungsansätze diskutiert werden. Eine Überfrachtung erschwert die Aufnahme der wesentlichen Informationen und lässt weniger Zeit für die gewünschte Interaktion.

   Das richtige Format für die Mitarbeiter. Auf der Ebene der operativen Mitarbeiter ist ein elektronisches Berichtsformat weniger geeignet. Filialmitarbeiter, Mitarbeiter in der Produktion oder im Lager um einen Bildschirm oder in einem Meetingraum zu versammeln ist zwar möglich, jedoch nicht sehr interaktiv; zudem kosten solche Zusammenkünfte unnötig (Wege-)Zeit. Als vorteilhaft hat sich die Nutzung großer Tafeln erwiesen, an denen die Berichtsformate direkt angebracht werden können (siehe Abbildung 46). An zentralen Stellen direkt am Arbeitsplatz aufgestellt, können die Mitarbeiter den aktuellen Status schnell erfassen. Werden die Tafeln von Projektteam und Mitarbeitern gemeinsam erstellt, stärkt dies zusätzlich die Identifizierung mit »ihrer« Tafel sowie letztlich auch mit den Kennzahlen und Zielen, insbesondere wenn die Mitarbeiter das Geleistete eigenhändig eintragen. Die Tafeln sind dann auch der ideale Ort für die Performance-Reviews. Am Ende jeder Schicht findet sich das Team dort zusammen, aktualisiert seine Leistung, spricht Probleme an oder entwickelt Verbesserungsideen.

Beispiel Teamtafel für Performance-Review

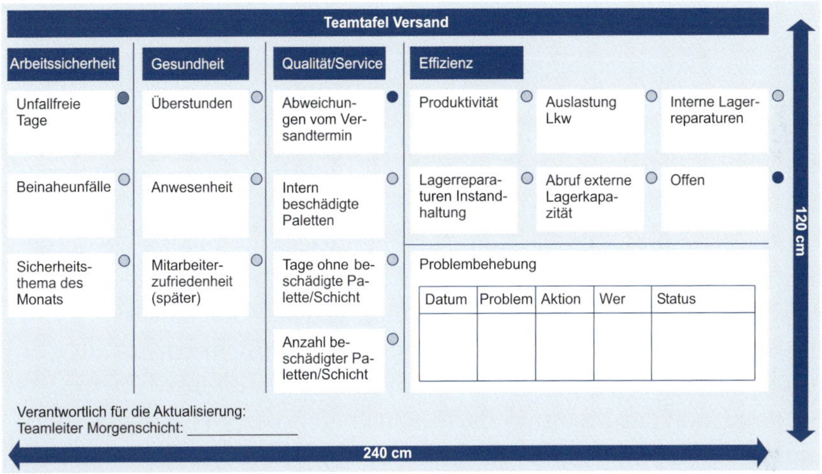

Teamtafel Versand

Arbeitssicherheit	Gesundheit	Qualität/Service	Effizienz		
Unfallfreie Tage ●	Überstunden ○	Abweichungen vom Versandtermin ●	Produktivität	Auslastung Lkw ○	Interne Lagerreparaturen ○
Beinaheunfälle ○	Anwesenheit ○	Intern beschädigte Paletten ○	Lagerreparaturen Instandhaltung	Abruf externe Lagerkapazität ○	Offen ●
Sicherheitsthema des Monats ○	Mitarbeiterzufriedenheit (später) ○	Tage ohne beschädigte Palette/Schicht	Problembehebung		
		Anzahl beschädigter Paletten/Schicht ○			

Problembehebung

Datum	Problem	Aktion	Wer	Status

Verantwortlich für die Aktualisierung:
Teamleiter Morgenschicht: _____

240 cm

120 cm

Abbildung 46

Kurz und knackig. Ein Performance-Review auf der operativen Mitarbeiterebene ist schnell durchgeführt: Er sollte maximal 15 Minuten dauern. Der Teilnehmerkreis ist für jedes Meeting festgelegt. Die Meetings finden auch dann statt, wenn eine Person nicht teilnehmen kann. Reviews sollten immer zur selben Uhrzeit am selben Ort starten, idealerweise direkt an der Tafel. Team- oder Schichtleiter erstellen vorab eine Agenda, die strikt eingehalten werden muss. Der Ablauf sollte so aussehen: Zunächst werden die Kennzahlen manuell aktualisiert und es wird geklärt, wie sich die Leistung im Vergleich zum vorigen Termin verändert hat. Sind in der Zwischenzeit Schwierigkeiten aufgetreten, sollten diese angesprochen und Lösungen gesucht werden. Gab es keine Probleme, bespricht das Team, ob das Tagesziel erreicht werden kann, und falls ja, ob das Tagesziel sogar übertroffen werden kann. Damit die Teamleistung stetig besser wird, sollte der Team-/Schichtleiter gegen Ende des Reviews die Frage stellen, was getan werden müsste, damit die Leistung am folgenden Tag die des aktuellen noch übertrifft. Der Schwerpunkt sollte auf den Themen liegen, die die größte Verbesserung versprechen. Am Ende gilt es, alle neuen Aufgaben auf die Mitarbeiter zu verteilen: Wer macht was bis wann? Auch das wird auf der Teamtafel notiert, so dass jedem Teilnehmer die nächsten Schritte klar sind. Der Vorteil solch strukturierter Meetings: Weil alle Beteiligten bei den Reviews anwesend sind, sind Telefonate und Gespräche zwischendurch kaum mehr notwendig.

Fokus auf Problemlösung. Auf höherer Ebene verlaufen die Performance-Reviews ähnlich; in Meetings mit einem Zeitrahmen von ein bis zwei Stunden liegt der Schwerpunkt jedoch auf der Problemlösung. Steht bereits vorab fest, dass ein bestimmtes Problem zu besprechen ist, können zusätzlich Experten eingeladen werden. Für größere Schwierigkeiten empfehlen sich separate Problemlösungs-Workshops. Eine Agenda und ein Bericht im Standardformat werden im Vorfeld erstellt und an alle verteilt, damit sich jeder Teilnehmer diese Informationen vorab durchliest und sich mit den anstehenden Themen auseinandersetzt. Daher ist ein Vortrag über die aktuelle Kennzahlenentwicklung nicht notwendig und die zur Verfügung stehende Zeit kann effektiv genutzt werden. Bei kritischen Punkten, zum Beispiel einer sich abzeichnenden Zielverfehlung, sollte bis zum nächsten Review ein Maßnahmenplan erstellt werden. Dessen Einhaltung muss dann beim Folgetermin intensiv überprüft werden. Am Ende des Meetings müssen auch auf dieser Hierarchieebene die besprochenen Maßnahmen festgehalten werden. Dabei ist wieder darauf zu achten, dass alle Maßnahmen genau beschrieben und verstanden werden, die Verantwortung eindeutig zugewiesen ist und eine Deadline festgesetzt wird.

Die richtige Einstellung mitbringen. Eine gute Vorbereitung und Durchführung ist die eine Sache, das passende Verhalten in den Performance-Reviews eine andere. Die Reviews erfüllen nur dann ihren Zweck, wenn alle Beteiligten die richtige Einstellung mitbringen. Die Atmosphäre sollte problemlösungsorientiert sein, die Argumentation sich nur auf Fakten stützen. Schuldzuweisungen sind fehl am Platz. Hier sind insbesondere die Führungskräfte gefordert: Sie müssen die Mitarbeiter ermutigen, selbstständig Verbesserungen herbeizuführen, indem sie die Abläufe optimieren. »Wasser predigen und Wein trinken« hat hier keinen Platz. Vielmehr müssen die Manager aller Hierarchiestufen das gewünschte Verhalten täglich vorleben. Bei ihnen sollten eine leidenschaftliche Einstellung und der feste Wille erkennbar sein, permanent besser zu werden.

Die positive Wirkung auf die Mitarbeiter lässt sich noch verstärken, wenn zum Beispiel Werks-, Bereichsleiter oder sogar Mitglieder der Geschäftsführung sporadisch an Performance-Reviews unterer Ebenen teilnehmen. Dies unterstreicht deren Wichtigkeit für das Unternehmen. Zudem bekommen die Top-Manager so einen Eindruck davon, wo auf der operativen Arbeitsebene der Schuh wirklich drückt.

Ursache und Wirkung unterscheiden. Treten Probleme oder Schwierigkeiten auf, sollte immer hinterfragt werden, ob die wahre Ursache dafür schon gefunden wurde oder ob bisher nur die Symptome bekannt sind. Das Team sollte erst dann eine Lösung entwickeln, wenn das Problem verstanden wurde. Hier sind kurzfristige Lösungen zur Beseitigung der Symptome und langfristige, dauerhafte Lösungen zu unterscheiden. Die Symptome sollten nur dann bekämpft werden, wenn sonst der Betrieb oder die Produktion nicht aufrechterhalten werden kann. In allen anderen Fällen sollten dauerhafte Lösungen angestrebt werden. Wenn die Teilnehmer eine Lösung gefunden haben, legen sie die Umsetzungsverantwortlichen, die Art der Dokumentation des Problems und der Lösung sowie einen Zieltermin fest. Performance-Reviews sind eine große Herausforderung für die Führungskräfte. Nur durch geschickte Moderation und das richtige Verhalten können sie das volle Potenzial ihrer Mitarbeiter nutzen.

5.5 Auf dem Weg zur kontinuierlichen Verbesserung

Die regelmäßigen Performance-Reviews sind der Ausgangspunkt dafür, sich im Zuge der Supply-Chain-Transformation auch kontinuierliche Leistungsverbesserungen zu erschließen. Die fortlaufende Verbesserung des Arbeitsumfelds wird auch »kontinuierlicher Verbesserungsprozess (KVP)« genannt.

Champions setzen auf KVP. Uns hat interessiert, ob die befragten Unternehmen auf eine kontinuierliche Verbesserung ihrer Prozesse setzen. Auch hier ist ein Vorsprung der Transformations-Champions feststellbar: Sie legen mit 63 Prozent Zustimmung deutlich mehr Wert auf die permanente Verbesserung ihrer Prozesse, Produkte und Anlagen als die Verfolger mit nur 41 Prozent.

Kontinuierliche Verbesserungen umfassen vier Schritte und können sehr gut im Zuge der Supply-Chain-Transformation etabliert werden (siehe Abbildung 47):

Vier Schritte bei der Einführung eines KVP

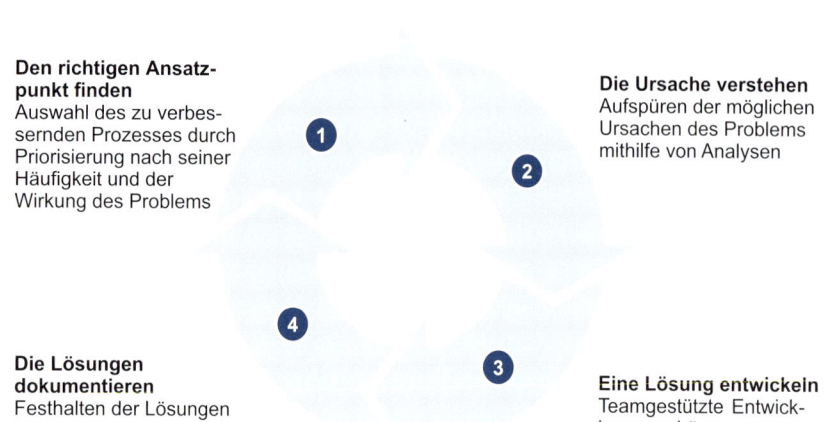

**Den richtigen Ansatz-
punkt finden**
Auswahl des zu verbes-
sernden Prozesses durch
Priorisierung nach seiner
Häufigkeit und der
Wirkung des Problems

Die Ursache verstehen
Aufspüren der möglichen
Ursachen des Problems
mithilfe von Analysen

**Die Lösungen
dokumentieren**
Festhalten der Lösungen
in einem Umsetzungsplan

Eine Lösung entwickeln
Teamgestützte Entwick-
lung von Lösungen

Abbildung 47

Schritt 1 – den richtigen Ansatzpunkt finden. Wenn es mehrere Schwach-stellen in den Prozessen gibt, stellt sich die Frage, in welcher Reihenfolge diese Schwachstellen angegangen werden sollten. Hilfreich ist hier eine Priorisierung auf der Grundlage von zwei Kriterien: Erstens, wie häufig wird die Aktivität durchgeführt und wie häufig tritt daher das Problem auf? Und zweitens wie wirkt sich das Problem aus? Werden beispielsweise die Waren in einer Filiale von der Zentrallogistik in großen Plastikcontai-nern angeliefert und anschließend von den Mitarbeitern in kleinen Einheiten zum Regal getragen, so ist die Häufigkeit des Auftretens hoch. Da es recht ineffizient ist, die Waren ohne Hilfsmittel, zum Beispiel Klappboxen, zum Regal zu tragen, sollte auch die Wirkung als hoch bewertet werden. Die Verbesserung der Warenverräumung hätte in die-sem Beispiel also eine hohe Priorität.

Schritt 2 – die Ursache verstehen. Sind die Schwachstellen und damit die Ansatzpunkte priorisiert, gilt es im zweiten Schritt, der Ursache des Problems auf den Grund zu gehen. Wichtig ist auch hier, zwischen Symptomen und Ursachen zu unterscheiden. Als Unterstützung bei der Ursachensuche, oft auch Root-Cause-Analyse genannt, können die Werk-zeuge verwendet werden, die wir in Kapitel 3 vorgestellt haben: die Ist-/Ist-nicht-Matrix, das Fischgrätendiagramm, die Fünfmal-Warum-Analyse, das Prozesskontrolldiagramm und die MIFA.

Schritt 3 – eine Lösung entwickeln. Ist die Ursache des Problems gefunden, kann die Suche nach einer passenden Lösung beginnen. Dafür bieten sich Brainstormings in kleinen Gruppen an. Teilnehmen sollten all diejenigen, die konstruktiv zu einer Lösung beitragen können. Ausgangspunkt für das Brainstorming ist die zuvor durchgeführte Ursachenanalyse. Ausgehend von den bereits bekannten Lösungsideen sollte der Moderator die Teilnehmer ermutigen, spontan weitere Ideen zu nennen und sich so gegenseitig zu inspirieren. Er sollte darauf achten, dass während des Brainstormings keine Kritik an Beiträgen oder Ideen der anderen Teilnehmer geübt wird, dass Ideen nicht bewertet und keine Killerphrasen (zum Beispiel »Das haben wir schon immer so gemacht«) benutzt werden. In der Regel liegen am Ende des Brainstormings zahlreiche Lösungsansätze vor. Die beste Idee wird herausgefiltert, indem die vorliegenden Lösungsansätze nach den Kriterien Wirkung und Aufwand bewertet werden. Umzusetzen ist die Lösung, die eine besonders hohe Wirkung bei geringem Aufwand verspricht. Die Teilnehmer sollten bewusst vermeiden, lediglich Übergangslösungen zu schaffen oder Symptome zu bekämpfen. Übergangslösungen sind, wie oben erwähnt, nur dann hilfreich, wenn der Betrieb sonst nicht aufrechterhalten werden kann.

Schritt 4 – die Lösungen dokumentieren. Abschließend müssen die Verbesserungsideen dokumentiert werden. Ein Umsetzungsplan gewährleistet, dass alle geplanten Aktivitäten auch erledigt werden und die Ergebnisse greifen. Ein solcher Umsetzungsplan sollte eine Beschreibung der Aktivitäten, die Namen der Verantwortlichen, die für die Erfolgsmessung relevanten Kennzahlen, die Meilensteine und das Enddatum enthalten. Während die Manager die Ideen zum Beispiel in einer Excel-Liste führen können, empfiehlt sich für Filialmitarbeiter sowie Mitarbeiter in der Produktion oder im Lager eine anschaulichere Alternative: T-Karten. T-Karten sind T-förmige Pappkarten, die in Halterungen an die Teamtafel gesteckt werden können. Sie dienen nicht nur der Dokumentation der Verbesserungsideen, sondern können schon während der Problemsuche und der Lösungsfindung eingesetzt werden. Abbildung 48 zeigt eine solche T-Karte.

Im kontinuierlichen Verbesserungsprozess übernimmt im Idealfall das Team die vollständige Verantwortung für die Ziele und entwickelt diese weiter, unabhängig von den Vorgaben des Managements. Im folgenden Kasten zeigen wir Ihnen, wie Woolworth einen kontinuierlichen Verbesserungsprozess eingeführt hat.

Beispiel T-Karte

Abbildung 48

Kontinuierliche Verbesserung bei Woolworth

Dr. Harald Gerking, Direktor Supply Chain Management bei der Deutschen Woolworth GmbH & Co. OHG, über die Einführung eines kontinuierlichen Verbesserungsprogramms im Zentrallager Bönen.

Ideen des Managements gingen nicht weit genug. Zwei Jahre nach der Erweiterung des Distributionszentrums in Bönen (Kreis Unna) im Jahr 2002 waren die wesentlichen Prozesse dort überarbeitet. Doch angesichts des steigenden Wettbewerbsdrucks und rückläufiger Umsatzzahlen in der gesamten Branche stand das Management vor der Aufgabe, nach weiteren Optimierungspotenzialen zu suchen, um das Distributionszentrum auch langfristig wettbewerbsfähig zu machen. Schnell war klar, dass es im Management nicht genügend Verbesserungsideen gab, um das zu gewährleisten.

Die Mitarbeiter einbinden. Inspiriert durch kontinuierliche Verbesserungen in der Automobilindustrie – auch »Kaizen« genannt – wurde die Idee geboren, die Mitarbeiter stärker einzubinden und ihr Potenzial zu erschließen. Für sie hatte es bis dahin kaum Anreize gegeben, Ideen für Prozessverbesserungen beizusteuern. Dabei wussten sie wahrscheinlich am besten, was sie bei ihrer Arbeit besser machen könnten. Mit der Einführung von Kaizen sollte sich das alles grundlegend ändern.

Prozessverantwortliche steuern die Erarbeitung von Ideen. Ausgangspunkt von Kaizen ist es, Ineffizienzen offenzulegen und sämtliche Prozesse von Grund auf in Frage zu stellen. Das ist keine einfache Aufgabe. Daher benannte das Management zunächst zwei Mitarbeiter als Prozessverantwortliche, die die Prozesse sehr gut kannten, kommunikationsstark waren und eine hohe Akzeptanz bei den übrigen Mitarbeitern genossen. Die Prozessverantwortlichen wurden nun intensiv geschult, um die Ideengenerierungsworkshops durchführen zu können. In Brainstormings mit den Mitarbeitern wurden dort zunächst Ideen gesammelt und anschließend von den Prozessbegleitern und dem Management bewertet. Verantwortlich für die Umsetzung waren speziell zusammengestellte bereichsübergreifende Teams mit den erforderlichen Kompetenzen. Schnell realisierbare Ideen wurden bevorzugt umgesetzt – als Bestätigung für die Mitarbeiter, dass ihre Ideen wertgeschätzt wurden, und als Motivationsschub. Informationen über die umgesetzten Ideen oder neue Verbesserungsvorschläge wurden über so genannte Brown Papers bekannt gemacht – bis zu zehn Meter lange Plakatstrecken, die an stark frequentierten Orten aufgehängt und regelmäßig aktualisiert wurden.

Kaizen – Veränderung der Denkweise. Der grundlegende Schritt bei der Einführung von Kaizen ist die Veränderung des Verhaltens und der Einstellung der Mitarbeiter. Daher müssen sie permanent motiviert werden, den eigenen Arbeitsplatz aktiv mitzugestalten. Entscheidend für den Erfolg bei Woolworth war die Führungskräfteentwicklung: Der ursprüngliche Führungsstil, der von Vorgaben und Anweisungen geprägt war, wurde abgelöst durch einen unterstützenden und motivierenden Führungsstil. Dadurch trauten sich die Mitarbeiter zunehmend, ihre Ideen dem Management mitzuteilen. Sie entwickelten zusätzliche Ideen und verinnerlichten die neue Philosophie.

Stetigen Zustrom neuer Ideen gewährleisten. Kaizen heißt ständige Verbesserung, deshalb reicht es nicht aus, einmalig Ideen zu generieren und umzusetzen; vielmehr muss der Prozess langfristig »am Leben erhalten« werden. Denn Stillstand bedeutet bei Kaizen Rückschritt. Damit der Verbesserungsprozess nicht ins Stocken gerät, werden in Bönen verstärkt Mitarbeiter-Brainstormings und Impulse von externen Beratern genutzt, so dass ein kontinuierliches Gleichgewicht zwischen Ideen, die nach ihrer Umsetzung aus dem Ideenpool ausscheiden, und neu generierten Ideen garantiert ist.

Positives Ergebnis. Das Ergebnis der Einführung von Kaizen bei Woolworth kann sich sehen lassen: Die Qualität (in Form einer geringen Fehlerquote bei der Kommissionierung) und die Produktivität konnten dank der Kreativität der Mitarbeiter signifikant verbessert werden; auch die Fläche im Distributionszentrum wird nun effizienter genutzt. Unter anderem bietet Woolworth in Bönen nun auch Dienstleistungen für Drittkunden an. Nicht nur der finanzielle Erfolg von Kaizen ist ausgesprochen erfreulich, zusätzlich hat sich die Unternehmenskultur positiv verändert: Während Ideen früher aus Angst vor Fehlern nur zurückhaltend geäußert wurden, hat inzwischen eine neue Offenheit Raum gegriffen. Schließlich kann es verhängnisvoller sein, etwas gar nicht erst auszuprobieren, als einen Fehler zu machen, sich dazu zu bekennen und daraus zu lernen.

Quelle: Steinmeyer/Bagó 2006

6

Zentrale Führung:
aber auch die Mitarbeiter einbinden

In manchen Unternehmen wird das Supply-Chain-Management auf Geschäftsführungs- beziehungsweise Vorstandsebene noch stiefmütterlich behandelt. Im Einzelhandel dominieren Einkauf und Vertrieb, bei den Herstellern von Konsumgütern und langlebigen Gebrauchsgütern traditionell Vertrieb und Marketing sowie Produktion. Die optimale Steuerung der Lieferkette ist meist nur Mittel zum Zweck, die Waren in die Filiale oder zum Kunden zu bekommen. Die Transformations-Champions beweisen, dass in diesem Punkt jedoch ein Sinneswandel gefragt ist: Eine Supply-Chain-Transformation ist nur dann erfolgreich, wenn sie vom Top-Team unterstützt wird. Das ist einer der Knackpunkte, an denen viele große Veränderungen scheitern – und deshalb Thema dieses Kapitels.

Aber selbst wenn Verbesserungen der Lieferkette auf der Agenda der Unternehmensleitung ganz oben stehen – das allein reicht nicht aus. Auch die Mitarbeiter müssen für das Vorhaben gewonnen werden; auch sie müssen die Transformation unterstützen. Wir zeigen Ihnen, auf welche Faktoren es bei der Einbindung und Überzeugung der Mitarbeiter ankommt. Dabei vertiefen wir auch einige Aspekte aus den Kapiteln 2 und 5.

6.1 Supply-Chain-Transformation: ein Thema für die ganze Geschäftsführung

Das Supply-Chain-Management deckt den gesamten Waren- und Informationsfluss von den Lieferanten bis in die Regale des Handels ab. Somit gibt es viele Schnittstellen zu anderen Bereichen, wie Vertrieb, Einkauf oder Produktion. Damit das gesamte Unternehmen an einem Strang zieht und Verbesserungen im Gesamtprozess erzielt werden, sind eine zentrale Koordination und ein entschiedenes Durchgreifen bei der Supply-Chain-Transformation erforderlich. Und hier sind die Geschäftsführung oder der Vorstand gefragt.

Top-Thema für Unternehmenslenker. Weitreichende Veränderungen in der Lieferkette bedeuten, dass Mitarbeiter gewohnte Verhaltensweisen ändern müssen (siehe Kapitel 5). Der Unternehmensleiter hat dabei eine außergewöhnliche Funktion. Jedes seiner Worte wird auf die Goldwaage gelegt, alles, was er tut, genau beobachtet, in dem Bemühen, aus allem eine besondere Bedeutung herauszulesen. Diese Erfahrung machte auch Niall Fitzgerald, ehemaliger CEO von Unilever: Die kleinste Kleinigkeit, die er sagte, und die unbedeutendste Geste, die er machte, wurden sofort von allen aufgenommen und interpretiert. Da der Geschäftsführer oder Vorstandsvorsitzende offensichtlich eine Vorbildfunktion für die Mitarbeiter übernimmt, ist es von entscheidender Bedeutung, dass er die Veränderungsbemühungen sichtbar unterstützt. Die Ergebnisse unserer empirischen Untersuchung bestätigen diesen Zusammenhang: Wir fragten, ob die Supply-Chain-Transformation ein Top-Thema für den Unternehmensleiter war. Bei den Transformations-Champions stimmten alle Unternehmen zu, bei den Verfolgern nur 80 Prozent, wie Abbildung 49 zeigt.

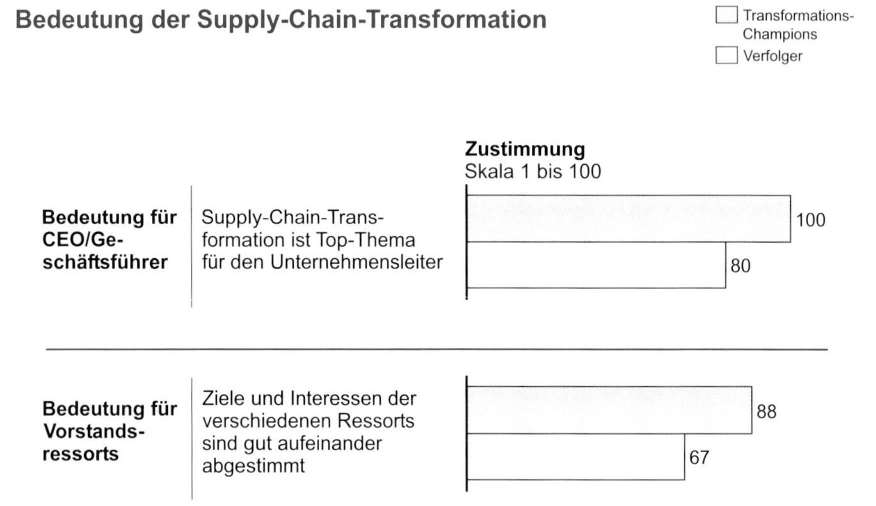

Bedeutung der Supply-Chain-Transformation

☐ Transformations-Champions
☐ Verfolger

Zustimmung
Skala 1 bis 100

Bedeutung für CEO/Geschäftsführer	Supply-Chain-Transformation ist Top-Thema für den Unternehmensleiter	100 80
Bedeutung für Vorstandsressorts	Ziele und Interessen der verschiedenen Ressorts sind gut aufeinander abgestimmt	88 67

Abbildung 49

Unterstützung der Kollegen wichtig. Der Unternehmensleiter als einsamer Unterstützer der Veränderungen in der Lieferkette kann allerdings nur wenig ausrichten. Auch die anderen Mitglieder des Managements müssen die Transformation mittragen und die Vorschläge genauso leidenschaftlich vertreten wie der CEO selbst; hier muss er sich hundertprozentig auf seine Kollegen verlassen können. Kommen aus der Top-Management-Ebene zweideutige Signale, kann das fatale Folgen für die Mobilisierung der Mitarbeiter haben. Hält zum Beispiel der Vorstandsvorsitzende eine mitreißende Rede vor Teilen der Belegschaft, in der er einschneidende Veränderungen in der Lieferkette ankündigt, darf der Vertriebsvorstand anschließend im Kreis seiner Mitarbeiter nicht sagen, dass das größte Problem aus Kundensicht im Moment doch die Produktqualität sei. Die Mitarbeiter spüren diese unterschiedlichen Prioritäten sofort und werden sich daher beiden Themen nur zurückhaltend widmen. Schließlich wollen sie sich weder gegen ihren direkten Vorgesetzten stellen noch wollen sie die Ansagen des Vorstandsvorsitzenden einfach ignorieren. Eine tiefe Überzeugung und aktive Unterstützung der Veränderungen kann von ihnen nicht mehr erwartet werden.

Vorgehen eng miteinander abstimmen. Das Beispiel zeigt auch, dass sich der Unternehmensleiter Zeit nehmen muss, aus der Geschäftsleitung ein starkes Team zu machen, das ausschließlich in gegenseitigem Einvernehmen handelt. Denn nur so können große Leistungssprünge verbunden mit den notwendigen Verhaltensänderungen aller Mitarbeiter erreicht werden. Beim Team-Building helfen zum Beispiel Top-Team-Workshops (siehe Kasten »Top-Team-Workshops – die Abstimmung im Vorstand verbessern«). Diese Workshops sind ein guter Ausgangspunkt dafür, die Zusammenarbeit generell zu überdenken, ein gemeinsames Ziel zu erarbeiten und das gemeinsame Vorgehen abzustimmen. Der Abstimmungsprozess ist meist nicht einfach, denn jeder Teilnehmer muss die eigene Haltung überdenken und gegebenenfalls das eigene Verhalten ändern. Und hier ist wieder der Vorstandsvorsitzende gefragt. Lou Gerstner, ehemaliger CEO von IBM, hat einmal sehr treffend formuliert, dass man Menschen nicht verändern kann, sondern sie nur einladen kann, sich zu verändern. Der Top-Team-Workshop ist solch eine Einladung. Die Transformations-Champions bestätigen, dass eine intensive Zusammenarbeit zwischen den Vorstandsressorts notwendig ist. Wie Abbildung 49 zeigt, haben sie die Ziele und Interessen der verschiedenen Bereiche besser aufeinander abgestimmt als die Verfolger.

Auch vor harten Konsequenzen nicht zurückschrecken. Wenn Einzelne den Veränderungsprozess nicht mittragen, darf der Vorstandsvorsitzende oder Geschäftsführer auch vor drastischen Maßnahmen nicht zurückschrecken. Im Zweifelsfall muss sich das Unternehmen von den Führungskräften trennen, die sich standhaft gegen alle Änderungskonzepte stellen. So hat sich beispielsweise Steve Luczo, ehemaliger CEO von Seagate, in einem von ihm initiierten Veränderungsprogramm entschieden, die Zusammenarbeit mit mehreren Vorstandskollegen zu beenden, weil diese sich trotz intensiver Überzeugungsarbeit und längerer Bedenkzeit immer noch gegen das Programm aussprachen.

Top-Team-Workshops – die Abstimmung im Vorstand verbessern

Ein Top-Team-Workshop ist ein oder im Idealfall eine Serie von Workshops mit dem Ziel, die Zusammenarbeit im Vorstand oder in der Geschäftsführung zu verbessern. Am Ende sollten sich die Teilnehmer auf einige wenige Ansatzpunkte geeinigt haben, die die größten Leistungssprünge auslösen. Diese Ansatzpunkte müssen in die Unternehmensstrategie beziehungsweise deren operative Umsetzung eingebettet sein und im Fokus der gesamten Organisation stehen.

Interaktives Gedankenspiel. Ausgangspunkt ist eine interaktive Übung, die von einem oder mehreren Moderatoren geleitet werden sollte. Zunächst wird das Top-Team, also der Unternehmensleiter mit seinen Kollegen beziehungsweise engsten Mitarbeitern, gebeten, sich eine Situation ins Gedächtnis zu rufen, in der sie sich als Teil eines Teams fühlten und absolute Höchstleistungen erbracht haben, in der sie also äußerst produktiv und emotional angesprochen waren. Diese Situation soll im Anschluss jeder Teilnehmer mit möglichst vielen Begriffen beschreiben. Die Beschreibung sollte die Erfahrung an sich, die Rahmenbedingungen und die Unterschiede zu einer alltäglichen Situation umfassen. Die Antworten lassen sich in der Regel unter drei Oberbegriffen zusammenfassen; hier einige Beispiele, die immer wieder genannt werden:

1. **Einigkeit über Richtung und Ziele:** klare Ziele, eindeutig verteilte Aufgaben, ein guter Plan und klare Verantwortlichkeiten
2. **Hohe Qualität der Interaktion:** echte Teamarbeit, keine Egoismen, Spaß, guter Zusammenhalt, Vertrauen, Respekt, Kommunikation, gegenseitige Unterstützung
3. **Besondere Bedeutung der Situation:** herausfordernde Situation, viel gelernt, innovativ, das Gefühl haben, etwas wirklich Wichtiges zu machen, an der Leistungsgrenze arbeiten.

Im Anschluss an die Diskussion der Ergebnisse in der Gruppe stellt der Moderator üblicherweise zwei Fragen: Um wie viel produktiver waren die Teilnehmer in der Situation und wie viele Mitarbeiter des Unternehmens arbeiten zurzeit in einer vergleichbaren Umgebung? Typische Antworten sind zwei- bis fünfmal produktiver und unter 10 Prozent. Einfache Rechenbeispiele können nun schnell verdeutlichen, dass sich die gesamte Produktivität verdoppeln ließe, wenn nur 20 Prozent der Mitarbeiter ihre Produktivität um den Faktor fünf steigern würden.

Den Ursachen auf den Grund gehen. Nach dem Gedankenspiel entsteht innerhalb des Top-Teams gewöhnlich schnell Einigkeit über die Bedeutung und die drei Charakteristika solcher Situationen. Nun kann die Aufmerksamkeit dem Unternehmen als Ganzem gewidmet werden: Es gilt, die Prozesse und Strukturen beziehungsweise Einstellungen zu identifizieren, mit denen die Produktivität beziehungsweise Leistung gesteigert werden kann. Hierbei helfen Umfragen, Interviews, Analysen oder Fokusgruppendiskussionen, die im Vorfeld, etwa von externen Beratern, durchgeführt wurden; deren Ergebnisse können im Workshopraum für alle sichtbar aufgehängt werden. Alternativ kann das Top-Team auch während des Workshops, aufgeteilt in kleine Gruppen, eine Stärken-Schwächen-Analyse durchführen. Die Aufgabe lautet dann, einerseits die drei Stärken, die das Unternehmen ausmachen und die ausgebaut werden können, und andererseits die drei Schwächen, die einer Leistungsverbesserung im Wege stehen, zu erarbeiten. Eine Bank fragte sich beispielsweise, warum es ihr kaum gelang, neue Kunden zu gewinnen. In der Ursachenanalyse stellte sich zunächst heraus, dass die Bankangestellten zu wenig Zeit mit den Kunden verbrachten, da sie viel Zeit auf administrative Tätigkeiten verwenden mussten. Beim weiteren Nachfragen zeigte sich jedoch, dass die Mitarbeiter lieber administrative Tätigkeiten erledigten, als sich mit den Kunden zu beschäftigen. Sie verstanden sich selbst als Banker und nicht als Vertriebsmitarbeiter, die Kunden Produkte verkaufen. Wie das Beispiel zeigt, ist es wichtig, stets die grundlegenden Motive für bestimmte Handlungen zu verstehen.

Themen für den Wandel festlegen. Sind die Ursachen der Probleme identifiziert und verstanden, gilt es, die Themen anzugehen, die den größten Einfluss auf das Ergebnis haben. Die Anzahl der Themen sollte bewusst gering gehalten werden: Drei bis fünf Themen reichen zunächst vollkommen aus. Eine Organisation kann sich nur mit einer begrenzten Zahl von Themen beschäftigen, sonst besteht die Gefahr, den Fokus zu verlieren. Manche Unternehmen formulieren die Themen in einer so genannten Von-zu-Logik. Bei IBM hießen sie zum Beispiel »von Überheblichkeit zu Bescheidenheit und zum Voneinanderlernen«, »von Bürokratie zu Flexibilität«, »von Silodenken zu ›one IBM‹« und »vom internen Fokus zum Kundenfokus«.

Konkret werden. Im nächsten Schritt müssen die Themen konkretisiert werden. Für jede gewünschte Verhaltensänderung gilt es, adäquate Maßnahmen für die Umsetzung zu finden. Hierbei hilft das integrierte Modell der Verhaltensänderung, das später in diesem Kapitel vorgestellt wird. Jedoch darf es nicht bei Maßnahmen für die Mitarbeiter beziehungsweise das Unternehmen als Ganzes bleiben. Auch im Top-Team sollte jeder für sich die Punkte festhalten und gegebenenfalls freiwillig zur Diskussion stellen, mit denen er im Arbeitsalltag dazu beitragen möchte, dass mehr Situationen entstehen, in denen Höchstleistungen erbracht werden.

Zeit nehmen. Diese Art von Workshops dauert drei Tage und wird in der Regel in Form einer externen Klausurtagung abgehalten. Begrenzt auf die Supply-Chain reicht aber häufig auch ein eintägiger Workshop aus.

6.2 Ohne sie geht es nicht: die Mitarbeiter mit an Bord nehmen

Verhalten an die Veränderungen anpassen. Veränderungsprogramme wie eine Supply-Chain-Transformation gehen mit einer Umgestaltung von Prozessen, Abläufen und Zuständigkeiten im Unternehmen einher. Diese Änderungen, die offensichtlich und beobachtbar sind, sind jedoch nur die Spitze des Eisbergs. Schwerwiegender sind die hohen Anforderungen, die Veränderungsprogramme an die Mitarbeiter stellen; schließlich müssen diese ihr Verhalten an die Veränderungen anpassen.

Auch den »Soft Factors« Rechnung tragen. In vielen Programmen bleiben Bedürfnisse, Überzeugungen und Einstellungen der Mitarbeiter unberücksichtigt. Sie werden als unbedeutend eingeschätzt oder als zu diffus und damit schwer zu adressieren. Dabei wird häufig übersehen, dass es genau diese Faktoren sind, die letztlich den Erfolg eines Transformationsprogramms ausmachen. Folgendes Beispiel soll dies verdeutlichen: Bei einem Einzelhändler wurde in der Abteilung Einkauf der alleinige Schwerpunkt der Jahresgespräche auf die Preise gelegt. Als Ziel für die Einkäufer war festgelegt worden, möglichst große Nachlässe auszuhandeln, unabhängig von möglichen Konsequenzen. Die Logistik konnte jedoch anhand von Analysen zeigen, dass die enormen Losgrößen, die geordert wurden, um die nächste Rabattstaffel zu erreichen, durch die zusätzlichen Lagermengen immense Kosten in der Zentrallogistik verursachten. Daher wurde beschlossen, dass der Einkauf zukünftig über Kooperationen mit Lieferanten sowohl Aspekte der effizienten Logistik berücksichtigen als auch eine günstige Beschaffung sicherstellen sollte. Dies erforderte jedoch ein nicht unerhebliches Umdenken bei den Einkäufern, weg von einem rein auf niedrige Preise fokussierten Umgang mit den Lieferanten hin zu einer gemeinsamen Problemlösung. Der Erfolg stand und fiel mit der Einsicht der Einkäufer: Sie mussten ihr Verhalten ändern. Anfangs wurde noch kontrolliert, ob ihnen das tatsächlich gelang, auf längere Sicht aber war es an ihnen, den neuen Ansatz zu akzeptieren und das neue Verhalten anzunehmen. Im beschriebenen Beispiel hat der Einzelhändler dies durch umfangreiche Workshops geschafft: Zunächst erläuterten sich die Einkäufer und die Mitarbeiter der Logistik gegenseitig ihre Vorgehensweisen und Ziele. Dabei gab es bereits erste Aha-Erlebnisse: Den Einkäufern war der Aufwand erhöhter Bestellmengen in der Logistik zuvor nicht bewusst gewesen; die Logistiker hatten sich nie mit den Beweggründen der Einkäufer auseinandergesetzt. Um den Erkenntnisprozess zu unterstützen, folgte eine computergestützte Simulation: Ein Teil der Mitarbeiter versuchte, die neue, kooperative Zielsetzung umzusetzen, der andere simulierte den Status quo. Dabei wurde den Einkäufern klar, dass der kooperative Umgang mit den Lieferanten dem Unternehmen in Summe höhere Einsparungen brachte als der reine Fokus auf günstige Preise. Für den Einzelhändler hat sich das neue Vorgehen gelohnt: Durch die Einbindung der Mitarbeiter und Berücksichtigung ihrer spezifischen Denkweisen konnten die Supply-Chain-Kosten erheblich gesenkt werden.

Abbildung 50 veranschaulicht noch einmal: Eine gewünschte Verhaltensänderung hat nur dann Erfolg, wenn die Gefühle, Bedürfnisse und Überzeugungen der Mitarbeiter berücksichtigt werden. Dabei muss immer klar sein: Nur das Verhalten ist beobachtbar, Gefühle, Bedürfnisse und Überzeugungen jedoch nicht.

Bei den Champions stehen die Mitarbeiter im Mittelpunkt. Uns hat interessiert, wie Transformations-Champions und Verfolger mit dem Thema »Einbeziehen der Mitarbeiter« umgehen. Wir haben uns dieser Frage auf zwei Wegen genähert: Zum einen haben wir die Unternehmen gefragt, wie intensiv sie die Mitarbeiter in ihr erstes Projekt der Supply-Chain-Transformation eingebunden haben. Dadurch erfuhren wir, ob das Thema direkt zu Beginn der Transformation Priorität besaß. Zum anderen haben wir nachgefragt, ob die Mitarbeiter insgesamt hinter den Veränderungsbe-

Eine Verhaltensänderung setzt voraus, dass Werte und Bedürfnisse berücksichtigt werden

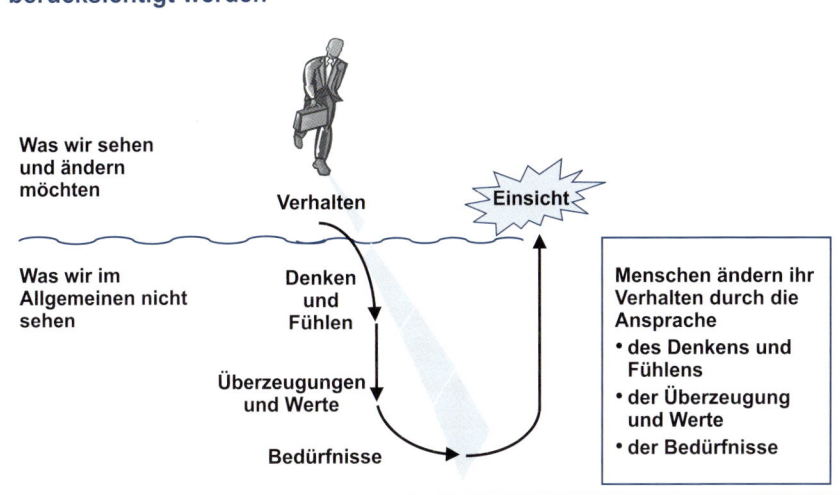

Abbildung 50

mühungen standen und diese vollständig akzeptierten. Die Ergebnisse bei den Champions und den Verfolgern waren sehr unterschiedlich (siehe Abbildung 51): Alle Transformations-Champions, aber nur die Hälfte der Verfolger versuchten in ihrem ersten Projekt, die Mitarbeiter konsequent einzubinden. Noch deutlicher waren die Unterschiede bei der zweiten Frage: Alle Transformations-Champions bejahten die Frage, ob ihre Mitarbeiter hinter den Veränderungen standen; bei den Verfolgern waren es nur 38 Prozent.

Vier Elemente berücksichtigen. Einstellungen und Denkweisen verändern sich nicht von allein. Der Veränderungsprozess muss vielmehr mit sorgfältig ausgewählten Maßnahmen angestoßen werden. Beim Erarbeiten und Abstimmen wirkungsvoller Maßnahmen hilft ein integrierter Ansatz, der aus vier Elementen besteht. Alle vier müssen berücksichtigt werden, damit die Ebene der Denkweisen, Bedürfnisse und Einstellungen angesprochen wird (siehe auch Abbildung 52):

1. **Verständnis.** Veränderungen bedeuten immer Unsicherheit. Neuerungen werden daher zunächst oft mit Skepsis aufgenommen. Erst wenn die Beweggründe für Veränderungen erklärt und verstanden werden, kann das Umdenken beginnen. Deshalb ist es notwendig, auf Sorgen und Bedürfnisse einzugehen sowie die dahinter stehenden Motive aufzudecken und anzusprechen.

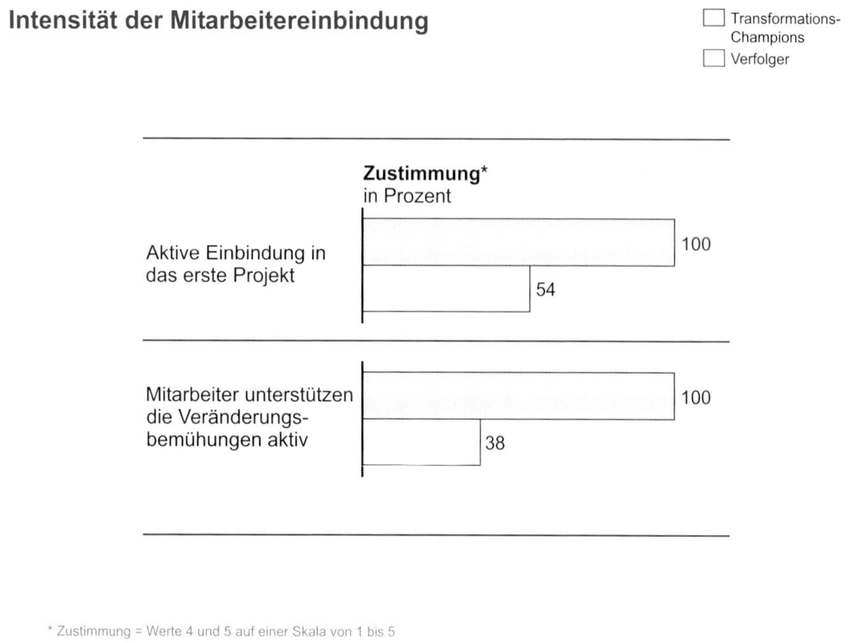

Intensität der Mitarbeitereinbindung

☐ Transformations-
Champions
☐ Verfolger

Zustimmung*
in Prozent

Aktive Einbindung in
das erste Projekt

100

54

Mitarbeiter unterstützen
die Veränderungs-
bemühungen aktiv

100

38

* Zustimmung = Werte 4 und 5 auf einer Skala von 1 bis 5

Abbildung 51

2. **Fähigkeiten.** Neue Prozesse und die entsprechenden Verhaltensweisen erfordern in der Regel eine sorgfältige Einarbeitung. Wenn die
Mitarbeiter die notwendigen Fähigkeiten erworben haben, haben sie
meist auch das Selbstvertrauen erlangt, das nötig ist, um das neue
Verhalten tagtäglich zu leben.

3. **Vorbilder.** Mitarbeiter überdenken ihr Verhalten vor allem dann,
wenn Vorgesetzte und Kollegen um sie herum ihr Verhalten ebenfalls
ändern. Gibt es ausreichend Vorbilder, die eine neue Verhaltensweise
vorleben, färbt dies auf Unentschlossene ab.

4. **Formale Strukturen.** Die formalen Strukturen, zum Beispiel Anreiz-
systeme, Kennzahlen und Organisationsstruktur, müssen so ausgerichtet sein, dass sie die Verhaltensänderung der Mitarbeiter unterstützen.

Integriertes Modell der Verhaltensänderung

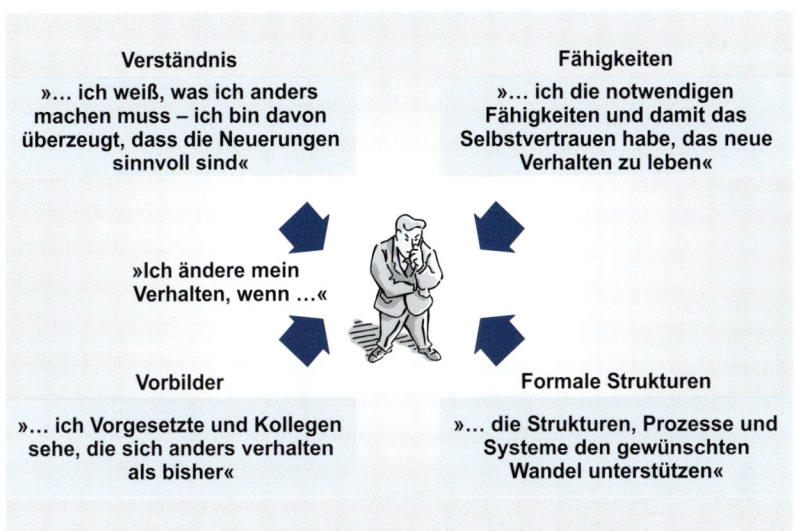

Verständnis

»... ich weiß, was ich anders machen muss – ich bin davon überzeugt, dass die Neuerungen sinnvoll sind«

Fähigkeiten

»... ich die notwendigen Fähigkeiten und damit das Selbstvertrauen habe, das neue Verhalten zu leben«

»Ich ändere mein Verhalten, wenn ...«

Vorbilder

»... ich Vorgesetzte und Kollegen sehe, die sich anders verhalten als bisher«

Formale Strukturen

»... die Strukturen, Prozesse und Systeme den gewünschten Wandel unterstützen«

Abbildung 52

Verhaltensänderung durch höhere Motivation bei der tesa AG

Die tesa AG ist einer der weltweit führenden Hersteller technischer Klebebänder und selbstklebender Systemlösungen für Industriekunden und Endverbraucher. Seit 2001 ist sie ein eigenständiges Unternehmen der Beiersdorf Gruppe. Bekannt geworden durch den tesafilm, ist das Unternehmen mittlerweile mit rund 3.700 Mitarbeitern in über 100 Ländern aktiv. Nach schwierigen Jahren ist die tesa AG heute eines der Zugpferde von Beiersdorf mit einem Wachstum des EBIT von 18,9 Prozent auf 73 Millionen Euro im Jahr 2006 und einer Umsatzrendite von 9,1 Prozent (2005: 8,2 Prozent).

Warum ist die tesa AG so erfolgreich? Einen nicht unwesentlichen Anteil am Erfolg hat die starke Motivation der Mitarbeiter. Sie ist dadurch entstanden, dass Gleichberechtigung und Fairness sowie der Gedanke, ein selbstverantwortliches, motivierendes Arbeitsumfeld zu schaffen und dadurch zugleich die Qualität der Arbeitsergebnisse zu steigern, grundsätzlich im Vordergrund stehen. Davon profitieren Mitarbeiter und Unternehmen gleichermaßen.

In den Ideen, die tesa umgesetzt hat, spiegeln sich die Elemente des Modells zur Verhaltensänderung wider (siehe Abbildung 52). Viele der Konzepte, die den aktuellen Erfolg des Unternehmens ausmachen, sind schon länger bekannt, nur werden sie selten mit solcher Konsequenz in den Arbeitsalltag integriert wie hier. Sie lassen sich am besten am Beispiel des Werks Offenburg zeigen.

Was ist eigentlich ein »guter Mitarbeiter«? Da sich die tesa AG auf die Fahnen geschrieben hatte, Eigenverantwortung, Selbstständigkeit und gegenseitige Wertschätzung zu fördern, musste ein grundsätzliches Umdenken bei den Mitarbeitern des Werks auf allen Hierarchieebenen einsetzen. Eingeleitet hat tesa dieses Umdenken mit dem Nicht Technischen Training (NTT), dem Herzstück der Veränderungen im Unternehmen, in das alle Mitarbeiter des Werks einbezogen wurden. Die Leitung der einzelnen Schulungen übernahmen jeweils die Führungskräfte, teilweise unterstützt von Experten. Schon die Eröffnungsfrage der Schulungen, »Sind Sie ein guter Mitarbeiter?«, und die Reaktionen – nachdenkliches Schweigen oder ausweichende Antworten – zeigten, dass hier Neuland im Unternehmen beschritten wurde. Über die nächste Frage, »Was macht einen guten Mitarbeiter aus?«, wurde dann meist schon lebhafter diskutiert. Die Antwort der tesa AG darauf: »Nur Mitarbeiter, die die Erwartungen ihres Vorgesetzten erfüllen, sind ›gute Mitarbeiter‹!« Auch mit dieser Aussage konfrontierte der Vorgesetzte seine Mitarbeiter in den Schulungen – und erwartungsgemäß reichten die Reaktionen darauf, je nach Gruppenzusammensetzung, von zustimmendem Gemurmel bis zu energischem Widerspruch. Dabei mussten sich die Führungskräfte immer wieder fragen lassen, inwieweit sie denn ihre Erwartungen klar vorgeben. Und hier zeigte sich: Auch sie müssen umdenken.

Erwartungen kommunizieren. Jeder Vorgesetzte bei der tesa AG muss nun seine Erwartungen gegenüber den direkten Mitarbeitern klar definieren. Das so genannte NTT-Dreieck verdeutlicht diese Erwartungen: Der Mitarbeiter steht im Mittelpunkt, umgeben von den drei Zielen »Sicherheit für die Mitarbeiter«, »Qualität für die Kunden« und »Produktivität für das Unternehmen«.

Wie wichtig die richtige Kommunikation von Erwartungen ist, lässt sich an einem Beispiel für den Bereich Sicherheit illustrieren: Über 90 Prozent aller Unfälle bei der tesa AG beruhten auf Bedienungsfehlern. Lange Zeit wurde versucht, dieser Gefahr mit technischen Schutzvorrichtungen zu begegnen. Ein deutlicher Rückgang war aber erst mit der Einführung des NTT zu verzeichnen. Die Mitarbeiter lernten in den Schulungen, dass der Mensch immer im Vordergrund stehen muss. Bei den Produktionsparametern geht im Zweifelsfall Sicherheit immer vor Qualität und Qualität vor Produktivität. Durch diese direkte Kommunikation der Erwartungen konnte die Zahl der Unfälle auf heute nahezu null gesenkt werden. Zudem stieg die Qualität: Die Anzahl der Reklamationen, die bereits auf niedrigem Niveau lag, wurde 2005 noch einmal halbiert.

Fähigkeiten aufbauen: Wer darf und kann, will auch. Der tesa AG ist es gelungen, das unternehmerische Denken jedes Einzelnen zu fördern. Das setzt Motivation und Ermutigung zum selbstständigen Handeln voraus. Die Leistung des Einzelnen ist dabei ein Produkt aus Wollen, Können und Dürfen. Die Aufgabe des Unternehmens ist, durch entsprechende Schulungen das Können und durch eine moderne Unternehmenskultur das Dürfen zu fördern. Nur so lassen sich Veränderungen in der Motivation, also dem Wollen, erreichen. Daher wurden und werden die Mitarbeiter systematisch geschult und Kompetenzen aufgebaut, was gleichzeitig die Anerkennung im Unternehmen und im Privatleben fördert.

Ein Beispiel: Ein als schlecht motiviert und unaufmerksam geltender Mitarbeiter in der Produktion wollte einen Beamer ausleihen. Auf Nachfrage stellte sich heraus, dass der Mann privat einen internationalen Sportwettbewerb organisierte. Seine Zurückhaltung im Beruf erklärte sich dadurch, dass er nicht wollte, weil er im Unternehmen nicht konnte und durfte. Das Bedürfnis nach sozialer Anerkennung befriedigte er folglich in seiner Freizeit. Die tesa AG versucht daher, mit ihrem konsequent umgesetzten Schulungsprogramm Mitarbeiter auch im beruflichen Umfeld zu motivieren und einzubinden.

Das Management als Vorbild. Innovative Ideen oder Veränderungen stoßen oft auf Widerstand allein deshalb, weil sie neu sind. Umgewöhnung braucht Zeit und erfordert Einsicht. Ein Manager kann seine Mitarbeiter aber oft dadurch überzeugen und die Umgewöhnung beschleunigen, dass er das neue Verhalten selbst konsequent vorlebt. Damit ermuntert er die Mitarbeiter, ihr Verhalten ebenfalls zu ändern. Insbesondere die Kommunikation von Verhaltensregeln und die Handhabung der Konsequenzen bei Nichtbefolgung sind entscheidende Erfolgskriterien. Bei der tesa AG erarbeiten Führungskräfte und Mitarbeiter in den NTT-Schulungen alle Regeln gemeinsam. Daher genießen die Verhaltensregeln eine besonders hohe Akzeptanz.

Regelverstöße werden konsequent geahndet. Sollte jemand die Regeln nicht einhalten, muss dies jedoch auch die entsprechenden Konsequenzen nach sich ziehen. Was hier für die Mitarbeiter gilt, ist auch für die Vorgesetzten gültig. Ist zum Beispiel in einem Bereich das Tragen von Schutzbekleidung erforderlich, müssen sich alle daran halten, unabhängig davon, ob ein Mitarbeiter in dem Bereich arbeitet oder ihn nur durchquert, und unabhängig von der Führungsebene – insbesondere das wurde den Führungskräften zu Beginn des Verbesserungsprogramms in Schulungen vermittelt. Diese Konsequenz wird nun bei der tesa AG tagtäglich gelebt: Dank fairer Kommunikation und Befolgung der vereinbarten Regeln liegt das tesa-Werk Offenburg heute bei Abmahnungen deutlich unter dem Branchendurchschnitt.

Flache Hierarchien und kurze Wege. Schlanke Organisationen motivieren Mitarbeiter zum Mitdenken und eigenständigen Handeln. In Offenburg wird das Werk in lediglich vier Ebenen geführt, vom gewerblichen Mitarbeiter bis zur Geschäftsleitung. Gearbeitet wird in Gruppen, vertreten durch einen gewählten Gruppensprecher. Dieser ist zwar entsprechend geschult, wird aber nicht zusätzlich entlohnt – innerhalb einer Gruppe sind alle gleichberechtigt.

Von schlichten Kennzahlen zum tesa-TV. Wenn ein Mitarbeiter selbstverantwortlich wie ein Unternehmer agieren soll, dann muss er auch die gleichen Informationen wie die Führungsebene haben. Außerdem muss für ihn die Entstehung der Kennzahlen transparent und nachvollziehbar sein. Die entscheidenden Erfolgsfaktoren für die tesa AG sind Sicherheit, Qualität und Produktivität, und diese Faktoren – so die Überzeugung der Unternehmensleitung – kann jeder Mitarbeiter beeinflussen. Daher haben alle Gruppen für ihren Bereich passende Kennzahlen für jeden dieser drei Erfolgsfaktoren erarbeitet. Dadurch, dass die Mitarbeiter an diesem Prozess beteiligt waren, hat die Leistungsmessung eine hohe Akzeptanz bei ihnen.

Die aktuellen Kennzahlen sind inzwischen überall im Werk auf Monitoren zu sehen. »tesa-TV« heißt diese Präsentationsform; sie wird in Abstimmung mit dem Betriebsrat eingesetzt. Die Mitarbeiter sehen so, dass sie mit ihrem eigenen Beitrag für den Erfolg des Werks verantwortlich sind. Auch zeigt tesa-TV Vergleiche mit anderen Werken der tesa AG. Das hat zwei Vorteile: Zum einen ist dieses Medium »schneller als jede Gerüchteküche« im Hinblick auf unternehmensrelevante Vorkommnisse wie Arbeitsunfälle oder Neueinstellungen. Zum anderen lässt es aber auch eine Überprüfung der eigenen Wettbewerbsfähigkeit zu – ein Punkt, der den Mitarbeitern durchaus am Herzen liegt. Auf besonderen Wunsch der Belegschaft zeigt tesa-TV die neuesten Zahlen jetzt sogar in der Kantine.

Prämien belohnen gute Leistung. Das bloße Anzeigen der aktuellen Leistungswerte führt aber nicht zwangsläufig auch zu mehr Leistung. Ein weiteres Element der konsequenten Umsetzung des NTT-Konzepts ist daher die kennzahlenabhängige Werksprämie. Mitarbeiter können ihr Basisgehalt durch gute Leistungen erheblich aufstocken. Voraussetzung für die Zahlung der Werksprämie ist, dass die mit dem Betriebsrat abgestimmten eindeutigen Zielvorgaben erreicht werden – eine Regelung, die sich für alle Seiten lohnt: Im September 2006 hatten die Mitarbeiter die Vorgaben schon so weit erfüllt, dass sie deutlich mehr als die im Werk Offenburg maximal mögliche Prämie ausgezahlt bekamen; das Gesamtgehalt lag damit 17 Prozent über dem Tariflohn.

Vertrauensarbeitszeit – nur die Leistung zählt. Als weiterer Baustein einer höheren Mitarbeitermotivation und einer verbesserten Wettbewerbsfähigkeit beschloss die tesa AG, die Zeiterfassung im Werk Offenburg abzuschaffen. Statt Zeit sollte nur noch die Leistung der einzelnen Mitarbeiter gemessen werden. Hierzu musste zunächst viel Überzeugungsarbeit geleistet werden. Letztlich ließen sich jedoch Betriebsrat wie Mitarbeiter von den Vorteilen überzeugen: Sichere Arbeitsplätze in Deutschland sind nur bei höherer Produktivität und Flexibilität möglich. Auch die Mitarbeiter profitieren von der neuen Regelung, da sie nun die Arbeitszeit nach ihren Bedürfnissen einteilen und so zum Beispiel Schichten mit Kollegen absprechen oder tauschen können. Wesentlich für das Funktionieren der neuen Regelung war zudem das Verhalten der Führungskräfte. Seit dem Wegfall der Zeiterfassung gibt es keine Diskussionen mehr über die Arbeitsdauer oder Anwesenheit. Sie beurteilen die Mitarbeiter ausschließlich nach deren Leistung. Die neue Lösung brachte tatsächlich die gewünschten Erfolge: eine höhere Motivation der Mitarbeiter bei mehr Produktivität und Flexibilität. Zusätzlich konnten Stempeluhren, EDV-Systeme und administrative Tätigkeiten eingespart werden.

Zufriedene Mitarbeiter. Eine anonyme Mitarbeiterbefragung attestierte dem Werk Offenburg eine gute Stimmung: Bei einer krankheitsbedingten Abwesenheit von rund 2 Prozent, einer unfallfreien Produktion sowie einer gegen null tendierenden unerwünschten Mitarbeiterfluktuation blickt man hier zuversichtlich in die Zukunft. Nicht umsonst wurde das tesa-Werk Offenburg für Management und Förderung der Mitarbeiter vom FAZ-Institut mit dem TOP-Wirtschaftspreis 2005 ausgezeichnet.

Eine neue Unternehmenskultur. Keine der Maßnahmen bei der tesa AG stellt für sich genommen etwas revolutionär Neues dar. Schulungen, die Verwendung von Kennzahlen, Vertrauensarbeitszeit und Vorgesetzte als Vorbilder sind so oder so ähnlich auch in anderen Unternehmen zu finden. Jede einzelne Maßnahme kann auch durchaus wichtige Veränderungen bewirken. Durch die Umsetzung des gesamten Maßnahmenpakets jedoch potenziert sich der Effekt und es bildet sich eine Unternehmenskultur des Vertrauens und der Motivation. Aus den Veränderungen geht das Werk Offenburg gestärkt hervor: Eine deutlich höhere Mitarbeiterzufriedenheit und die gestiegene Produktivität belegen, dass die beiden Faktoren eng miteinander verknüpft sind.
Quelle: Ehlert/Keller 2006

Maßnahmen zusammenstellen. Auf der Basis des oben vorgestellten Ansatzes können nun passende Maßnahmen erarbeitet werden, damit die betroffenen Mitarbeiter den Grund des Wandels verstehen und von dessen Notwendigkeit überzeugt sind, die erforderlichen Fähigkeiten erwerben, vorbildliches Verhalten wahrnehmen und erkennen, dass die formalen Strukturen das neue Verhalten unterstützen. Insgesamt gilt es, ein stimmiges Gesamtkonzept zu entwickeln, das jedes der vier Elemente abdeckt. Abbildung 53 gibt einen Überblick über mögliche Maßnahmen:

Beispiele für Maßnahmen, die Verhaltensänderungen unterstützen

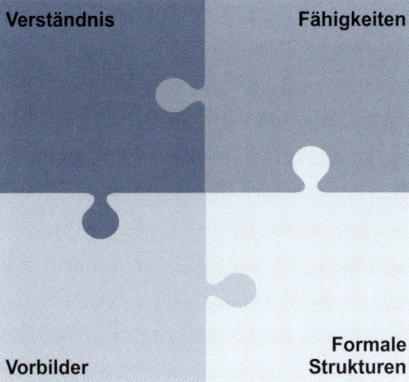

- Transformations-Story
- Change-Kommunikation
- Change-Agenten
- Praktisches Erfahren

Verständnis

Fähigkeiten
- Workshops
- Trainingsakademien
- Action Learning
- Persönliche Entwicklungspläne

- Symbolische Aktionen
- Führungskräfte-modell
- Abstimmung Top-Team
- Change-Agenten

Vorbilder

Formale Strukturen
- Best-Practice-Austausch
- Kennzahlensystem
- Performance-Dialoge
- Anreizsystem
- Organisations-struktur

Abbildung 53

- **Verständnis.** Die Notwendigkeit eines Wandels lässt sich mithilfe einer Transformations-Story (siehe Kapitel 2), mit Change-Kommunikation (siehe den Abschnitt dazu am Ende dieses Kapitels), dem Einschalten von Change-Agenten (siehe Kasten »Change-Agenten – Treiber des Wandels«) sowie mit praktischem Erfahren begründen. Ein Klassiker, der eingesetzt werden kann, um Mitarbeitern die Notwendigkeit einer besseren Zusammenarbeit entlang der Supply-Chain sowie eines intensiven Informationsaustauschs plastisch vor Augen zu führen, ist das »beer game«. Dabei übernehmen die Mitarbeiter die Rolle verschiedener Stufen in einer unternehmensübergreifenden Lieferkette für Bier, zum Beispiel die der Brauerei, die des Großhändlers oder die des Händlers. Aufgabe der Teilnehmer ist, die Kundennachfrage nach Bier bei minimalen Beständen und Lieferrückständen über die mehrstufige Supply-Chain zu erfüllen. Allerdings dürfen die einzelnen Stufen nur eingeschränkt Informationen untereinander austauschen. Der Effekt: Es kommt schnell zu einem Aufschaukeln der Bestände, dem so genannten Bullwhip-Effekt[G]. In den weiteren Runden des Spiels dürfen die einzelnen Stufen der Supply-Chain ihre Aktivitäten dann zunehmend koordinieren. Selbst erfahrene Logistikmanager können so am eigenen Leib erfahren, inwiefern sich eine bessere Koordinierung im Ergebnis widerspiegelt; sie sind in der Regel nach einem solchen Spiel deutlich offener für Änderungen als vorher (siehe auch »Das Lötspiel: ein Managementspiel zum aktiven Lernen« in Kapitel 7).

- **Fähigkeiten.** Instrumente, die eingesetzt werden können, um Know-how für neue Prozesse oder Verhaltensweisen zu vermitteln, sind Workshops, Trainingsakademien (siehe Kapitel 7), Action Learning und persönliche Entwicklungspläne. Action Learning kombiniert Theorie und Praxis. Die Teilnehmer lernen zunächst in einer Seminarumgebung die Grundlagen neuer Abläufe, die Hintergründe für Veränderungen und die gewünschten neuen Verhaltensweisen. Im Anschluss können sie das Erlernte direkt umsetzen, zum Beispiel in Form eines gemeinsamen Projekts parallel zu ihrer regulären Linientätigkeit. Idealerweise wechseln sich Weiterbildungen und Projektarbeit ab, so dass die Teilnehmer stufenweise dazulernen können. Ein Bereich eines internationalen Konsumgüterherstellers etwa nutzte Action Learning, um Führungskräfte in Konzepten des Lean Management zu schulen; Ziel war, die Produktion eines Werks in den Niederlanden zu optimieren. Hierfür wurde zunächst eine ausgewählte Gruppe junger Führungskräfte in einem einwöchigen Seminar in Grundlagen des Lean Management geschult. Das Seminar war bereits interaktiv gestaltet, zum Beispiel waren Spiele zur richtigen Arbeitsteilung, zum Konzept der Taktzeit und zum Thema Verschwendung feste Bestandteile des Programms. In der sich anschließenden Woche folgte direkt die Praxis: Die jungen Manager mussten das Erlernte an einer Produktlinie umsetzen. Zunächst hatten sie die Aufgabe, den Betreibern der Produktlinie die unbefriedigende Ausgangssituation zu erläutern und ihnen die Ziele und Grundzüge des Lean Management sowie ihr Vorgehen zu erklären. Danach hieß es, selbst die Ärmel hochzukrempeln, selbst an der Linie mitzuarbeiten, die Prozesse zu optimieren und die Konsequenzen der Änderungen nachzuhalten. Dieser Ansatz war in dreierlei Hinsicht ein voller Erfolg: Erstens ist das Action Learning nun ein fester Bestandteil des Trainingskatalogs für Führungsnachwuchskräfte, zweitens hat der Trainingsansatz den Teilnehmern nicht nur Spaß gemacht, sondern sie auch inhaltlich weitergebracht und drittens war das Pilottraining auch ein wirtschaftlicher Erfolg: Die Leistung der Produktlinie hat sich deutlich erhöht.

- **Vorbilder.** Die Vorbildfunktion der Führungskräfte kann mithilfe des Entwurfs eines Führungskräftemodells und durch symbolische Aktionen veranschaulicht werden; unterstützend wirken auch Top-Team-Workshops, bei denen die oberste Führungsebene eine gemeinsame Marschrichtung festlegt (siehe Kasten »Top-Team-Workshops – die Abstimmung im Vorstand verbessern«). Weitere Vorbilder können auch Change-Agenten – Mitarbeiter aus den unterschiedlichen Hierarchieebenen – sein (siehe Kasten »Change-Agenten: Treiber des Wandels«). Um ein Führungskräftemodell, das heißt ein Idealbild einer Führungskraft, die als Vorbild für die Mitarbeiter dienen kann, zu entwerfen, kommt das Top-Team in einem Workshop zusammen. Ein möglicher Ansatz ist, ein idealtypisches und ein negatives Bild zu entwerfen und jeweils mit den Einstellungen, Fähigkeiten und Verhaltensweisen dieser beiden Extreme zu unterlegen. Das Modell entspricht dann einer »Von-zu-Logik« und zeigt, in welche Richtung es gehen soll. Symbolische Aktionen sind Handlungen des Vorstandsvorsitzenden oder anderer Mitglieder des Vorstands, die ein klares Signal des Wandels aussenden. Dies können offensichtliche Änderungen des bisherigen Verhaltens, aber auch neue Prozesse sein. Die symbolische Aktion muss von allen Mitarbeitern wahrnehmbar sein und sich vom bisherigen Verhalten deutlich unterscheiden. Einige Beispiele: Am Tag der Einführung eines neuen Filialanlieferprozesses bei einem der von uns befragten Einzelhändler haben die Führungskräfte aus dem oberen Management morgens um 5:00 Uhr auf der Rampe beim Entladen der Lkw mitgeholfen. Der McDonald's Gründer Ray Kroc bemerkte einmal bei dem Besuch eines seiner Restaurants in Chicago Müll auf dem Parkplatz. Er rief den Restaurantleiter zu sich und sammelte gemeinsam mit ihm und seinem Fahrer den Müll auf. Ein vorbildlicher CEO ist auch Daniel R. DiMicco vom US-amerikanischen Stahlunternehmen Nucor: Er fliegt nur Economy Class, parkt auf dem Angestelltenparkplatz und kocht neuen Kaffee, wenn er sich den Rest aus der Kanne eingegossen hat. Diese Beispiele haben eine nicht zu unterschätzende symbolische Bedeutung für die Mitarbeiter: Sie signalisieren, dass ausnahmslos alle mit anpacken müssen, wenn sich etwas verändern soll, und dass die Führungskräfte die besten Vorbilder sind. Oder wie Mahatma Gandhi einprägsam formulierte: »Be the change you want to see …« (Sei der Wandel, den du selbst sehen möchtest).

- **Formale Strukturen.** Als Maßnahmen zur Unterstützung der Verhaltensänderung durch formale Strukturen bieten sich der Best-Practice-Austausch, ein Kennzahlensystem (siehe Kapitel 3 und 5), Performance-Reviews und ein Anreizsystem (siehe Kapitel 5) sowie eine entsprechend ausgestaltete Organisationsstruktur an. Beim Best-Practice-Austausch geht es darum, bewährte Prozesse oder Vorgehensweisen dezentral zu dokumentieren, so dass sie für alle Unternehmenseinheiten zugänglich sind. Dieser Austausch kann auch in Form strukturierter Meetings dezentraler Mitarbeiter stattfinden, zum Beispiel können sich die Lagerleiter regelmäßig treffen und besprechen, wie sie die Kommissionierung in ihren Lagern verbessert haben. Eine besondere Form des Best-Practice-Austauschs ist die Entwicklung »Positiver Abweichungen«. Dieser Ansatz empfiehlt sich, wenn noch keine gute Strukturlösung gefunden wurde und die Interaktion zwischen Geschäftseinheiten, Standorten oder Filialen gering ist. Sollen zum Beispiel die Verräumprozesse in den Filialen eines Einzelhändlers optimiert werden, umreißen zunächst die Filialleiter das Problem, so dass jedem betroffenen Mitarbeiter klar wird, was es zu verbessern gilt. Anschließend suchen die Filialmitarbeiter in Teams nach Lösungsansätzen. Die Effizienz jeder gefundenen Lösung wird bewertet und mit der bisherigen Lösung verglichen. Ist eine neue Lösung besser, wird diese zum Standard erklärt, bis wiederum eine neue, noch bessere Lösung gefunden ist. So entsteht ein iterativer Prozess, in dem mit jedem Schritt eine bessere Lösung entwickelt wird. Der Austausch von Lösungsansätzen zwischen den Filialen lässt sich beispielsweise über eine Projekt-Website organisieren, auf der immer die aktuelle Standardlösung dokumentiert ist. Außerdem können dort neue Lösungen eingestellt und anschließend entsprechend ihrer Effizienz bewertet werden. Das Vorgehen bindet die operativen Mitarbeiter stark ein, fördert das selbstständige Mitdenken und erhöht die Akzeptanz für die Umsetzung neuer Lösungen.

Transformations-Champions nutzen Change-Agenten. Wir wollten wissen, welche Ansätze die Champions nutzen, um Verhaltensänderungen bei ihren Mitarbeitern zu bewirken. Auch hier sind die Transformations-Champions den Verfolgern einen Schritt voraus: Sie nutzen Change-Agenten, Change-Kommunikation und setzen Führungskräfte als Vorbilder intensiver ein als die Verfolger; insbesondere Change-Agenten scheinen ein wichtiges Element der Transformation zu sein (siehe Abbildung 54). Wie Sie Change-Agenten effektiv nutzen und ein Change-Agenten-Programm starten, können Sie im Kasten »Change-Agenten: Treiber des Wandels« lesen.

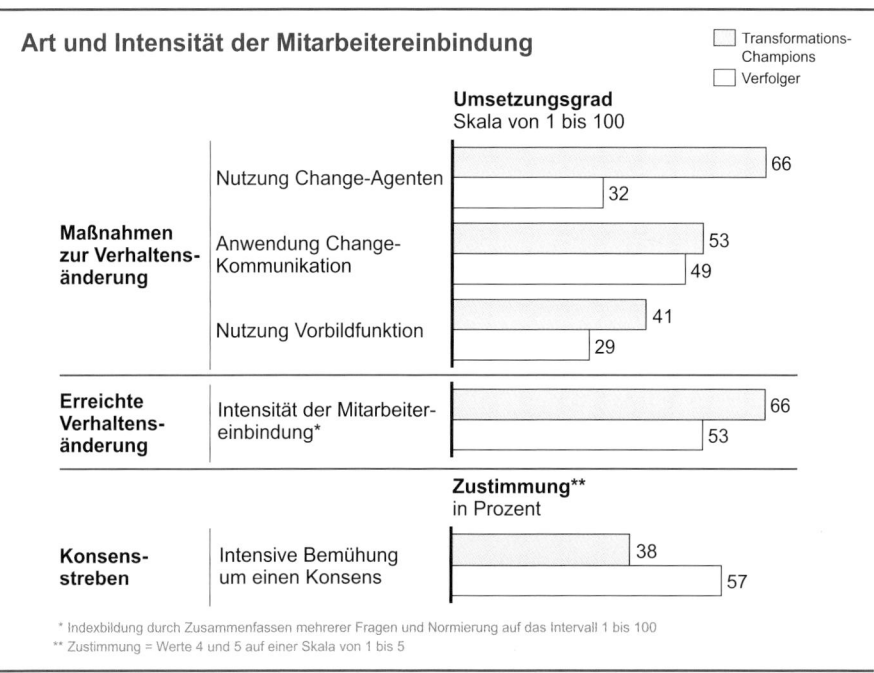

Abbildung 54

Transformations-Champions erfolgreich in puncto Verhaltensänderungen. Um zu erfahren, wie stark die Transformations-Champions die Bedürfnisse ihrer Mitarbeiter in den Veränderungsprogrammen berücksichtigen und wie erfolgreich sie deshalb dabei sind, Verhaltensänderungen zu bewirken, haben wir mehrere Fragen zu einem Index zusammengefasst. Auch hier liegen die Champions vorn: Mit 66 Prozent gegenüber 53 Prozent ist bei ihnen die Intensität der Einbindung deutlich höher als bei den Verfolgern (siehe Abbildung 54).

Kein Kuschelkurs notwendig. Muss eine intensive Mitarbeitereinbindung automatisch mit dem Streben nach Konsens einhergehen? Muss die Unternehmensführung bei Entscheidungen immer auf einen Ausgleich der Interessen bedacht sein? Das haben wir die Transformations-Champions und die Verfolger gefragt. Abbildung 54 zeigt, dass die Transformations-Champions deutlich seltener auf einen Konsens gesetzt haben als die Verfolger. Die Zahlen belegen, dass Mitarbeiter statt einer Konsenskultur, in der man sich schnell auf den kleinsten gemeinsamen Nenner einigt, eine Streitkultur schätzen, in der Argumente offen ausgetauscht und dann verbindliche Entscheidungen getroffen werden. Denn abweichende Meinungen gefährden nicht das System, sondern sie beleben es. In einem solchen System wissen Mitarbeiter wie Manager, woran sie sind. Und nur in einem solchen Umfeld können Mitarbeiter kreative Lösungen suchen und zusammen große Leistungssprünge in der Supply-Chain erreichen.

Change-Agenten: Treiber des Wandels

Von »Change-Agenten« liest und hört man immer häufiger – allerdings wird der Begriff nicht einheitlich verwendet. Wir geben Ihnen eine praxisnahe Definition, grenzen das Einsatzspektrum ab und zeigen, wie Sie in vier Schritten ein Change-Agenten-Programm einführen können.

Vorbilder im Alltag. Change-Agenten sind Mitarbeiter aus allen Hierarchieebenen, die Veränderungen vorantreiben, indem sie die erforderlichen neuen Verhaltensweisen selbst vorleben. Sie sind Personen, die neue Werte, neues Handeln und neue Fähigkeiten über spezifische Trainings früh annehmen. Sie sind Trendsetter, die einen neuen Trend etablieren, dem die Mitarbeiter des ganzen Unternehmens folgen. Dafür ist es notwendig, dass sie glaubwürdig sind, respektiert werden und Einfluss besitzen, unabhängig von ihrer Position in der Unternehmenshierarchie.

Einsatz bei großen Veränderungsprojekten sinnvoll. Der Einsatz von Change-Agenten ist in jedem Veränderungsprojekt sinnvoll – am effektivsten ist er jedoch in Projekten, in die große Teile der Organisation und damit auch viele Mitarbeiter involviert sind. Über ein Schneeballsystem können diese effizient und wirkungsvoll mit Kollegen interagieren und so den Wandel beschleunigen, sei es auf operativer Arbeitsebene oder im mittleren Management. Wenn zum Beispiel Lean-Management-Methoden in der Produktion eingeführt werden sollen, können die Change-Agenten ihren Kollegen auf der operativen Arbeitsebene das System erklären, neue Einstellungen vorleben und damit Vertrauen schaffen. Dank dieser positiven Vorbilder sind skeptische Kollegen viel eher bereit, Veränderungen zu akzeptieren, als wenn diese nur durch Führungskräfte oder Berater propagiert werden.

Einführung in vier Schritten. Am einfachsten ist die Einführung eines Change-Agenten-Programms, wenn Sie diesen vier Schritten folgen:

- **Voraussetzungen schaffen.** Grundvoraussetzung für die Einführung eines Change-Agenten-Programms ist die Unterstützung durch die Unternehmensleitung. Vorstand oder Geschäftsführung müssen selbst als »oberste Change-Agenten« fungieren. Dafür ist es essenziell, dass das gesamte obere Management sich einig über Ziel und Weg des Veränderungsprogramms ist und die neuen Einstellungen vorlebt (siehe die Abschnitte in diesem Kapitel zu den Themen Top-Team-Workshop und Vorbildfunktion). Zudem sollte das obere Management eine Mentorenrolle für die Change-Agenten übernehmen und sie tatkräftig unterstützen.
- **Richtige Auswahl treffen.** Als Change-Agenten eignen sich Mitarbeiter mit der richtigen Einstellung, dem erforderlichen Wissen und den notwendigen Fähigkeiten, wie Abbildung 55 zeigt. Die Auswahl ist ein mehrstufiger Prozess, von der schriftlichen Bewerbung oder Nominierung der Agenten über die Bewertung durch deren Vorgesetzten und Interviews bis zur Ernennung. Dabei helfen drei Fragen: Wie viele Mitarbeiter können die Change-Agenten realistischerweise erreichen? Wie groß ist ihr Einfluss auf ihre Kollegen? Und können sie wirklich eine Vorbildfunktion übernehmen? Die notwendige Anzahl von Change-Agenten ergibt sich aus dem Umfang des Programms, der Intensität der übrigen Maßnahmen (siehe Abbildung 55) und der Einstellung der Mitarbeiter. Sind fundamentale Veränderungen geplant, gibt es wenige flankierende Maßnahmen, und sind die Widerstände in der Belegschaft groß, muss das Verhältnis von Change-Agenten zu Mitarbeitern entsprechend hoch sein. In einer solchen Situation sollte – so unsere Erfahrungswerte – ein Change-Agent je fünf Mitarbeiter eingesetzt werden. Sind die Bedingungen günstiger, reicht in der Produktion ein Verhältnis zwischen 1 : 50 und 1 : 150, in der Planung eines von 1 : 10.
- **Change-Agenten mit den erforderlichen Fähigkeiten ausstatten.** Nachdem die Change-Agenten ausgewählt wurden, müssen sie – vor ihrem ersten Einsatz – geschult werden. Zunächst ist es wichtig, dass sie sich der Bedeutung ihrer Rolle bewusst werden; außerdem muss die Unterstützung durch das Management gewährleistet und geklärt sein, auf welches Ergebnis sie hinarbeiten sollen. Das notwendige inhaltliche Wissen, zum Beispiel die Funktionsweise eines neuen Produktionssystems, wird in separaten Schulungen vermittelt. Die Schulungen laufen im Idealfall parallel zur täglichen Arbeit. Neben der Vermittlung von fachlichem Wissen sollten auch Trainings zum Aufbau und zur Weiterentwicklung von persönlichen Fähigkeiten stattfinden. Da die Change-Agenten Vorbilder für ihre Kollegen werden sollen, muss in den Schulungen die Vorbildfunktion intensiv eingeübt werden. Erfahrungen zeigen, dass eine Plattform für regelmäßige Treffen den Change-Agenten hilft, Erfahrungen und Wissen auszutauschen und so voneinander zu lernen.

- **Erfolg kontrollieren.** Die Investition in ein Change-Agenten-Programm lohnt sich nur, wenn es messbare Erfolge bringt. In die Bewertung des Erfolgs sollte zum einen die Qualität des Programms und zum anderen der Entwicklungsstand der Change-Agenten einbezogen werden. Für die Messung der Qualität muss eine passende Auswertungslogik erarbeitet werden; das kann zum Beispiel eine Einstufung in vier Leistungsklassen sein: schwach, durchschnittlich, Best Practice und Weltklasse. Die Anforderungen jeder Leistungsklasse wären dann mit qualitativen Kriterien zu beschreiben. Für die Kategorie »Best Practice« etwa könnte die Leistungsbeschreibung lauten, dass die Change-Agenten nach ihren Fähigkeiten und persönlichen Einstellungen ausgewählt wurden, die Interaktion mit dem operativen Management problemlos funktioniert, es ein starkes zentrales Team aus Change-Agenten gibt und dezentral bereits Linienmitarbeiter integriert sind, Change-Agenten gelegentlich am Wissensaustausch teilnehmen und die Unterstützung durch die Unternehmensleitung sichtbar ist. Die Auswertung des Entwicklungsstands der Change-Agenten dient zum einen dazu, Anpassungen bei den Schulungen oder dem Programmdesign vorzunehmen, und zum anderen, die Stimmung unter den Change-Agenten und ihre Probleme zu verstehen. Die Auswertung sollte sich an den Kriterien technische Fähigkeiten, Führungsqualität, Anpassungsfähigkeit und leidenschaftlicher Einsatz orientieren – also im Wesentlichen an den Kriterien, die auch für die Auswahl der Change-Agenten relevant sind.

Quelle: Dover 2003

Auswahlkriterien für Change-Agenten

Kriterien	Beschreibung
Persönliche Einstellung	• Energiegeladen und enthusiastisch • Sehr hohe persönliche Ansprüche • Hohe Entscheidungsfreudigkeit • Wille und Fähigkeit, die Initiative zu ergreifen • Offenheit für Veränderungen und neue Erfahrungen • Neigung, persönliche Risiken einzugehen • Anpack-Mentalität • Einstellung, hohe Ziele zu setzen und erreichen zu wollen
Wissen	• Inhaltlicher Experte im relevanten Themengebiet • Möglicher Prozessverantwortlicher
Fähigkeiten	• Gute Kommunikationsfähigkeiten • Gute analytische und Problemlösungsfähigkeiten • Fähigkeit, in unsicheren, dynamischen Umgebungen zurechtzukommen • Fähigkeit, unter Druck effektiv zu arbeiten • Großes Organisationstalent • Fähigkeiten, andere zu coachen, zu motivieren und zu mobilisieren • Hohe Glaubwürdigkeit in der Belegschaft

Abbildung 55

6.3 Kommunikation richtig planen: für jeden das richtige Häppchen in der richtigen Dosis

Umfangreiches Kommunikationsprogramm: Change-Kommunikation. Die Denkweisen und Einstellungen der Mitarbeiter so zu berücksichtigen und anzusprechen, dass diese ihr Verhalten ändern sowie den Wandel akzeptieren und unterstützen, ist eine große Herausforderung. Nicht ohne Grund scheitern viele Supply-Chain-Transformationen, weil die Mitarbeiter nicht ausreichend eingebunden waren. Die Transformations-Story, die Sie in Kapitel 2 kennen gelernt haben, und eine gut geplante, abgestimmte Kommunikation sind wichtige Hilfsmittel, um Mitarbeitern anstehende Veränderungen beim Umbau der Lieferkette zu erklären und nahezubringen.

Kommunizieren wie die Transformations-Champions. Die Transformations-Champions haben erkannt, dass eine offene Kommunikation wichtig ist und dass die Kommunikation sorgfältig geplant werden muss (siehe Abbildung 56): 63 Prozent der Transformations-Champions, aber nur 48 Prozent der Verfolger haben die Inhalte ihrer Supply-Chain-Transformation offen und häufig kommuniziert. Sie haben die Betroffenen zudem regelmäßig informiert, zum Beispiel über monatliche Newsletter. Und die Champions gehen auch bei der Kommunikation strukturierter vor als die Verfolger: Auf die Frage, ob sie ihre Kommunikation sorgfältig und umfassend planen, stimmten 88 Prozent der Transformations-Champions zu – im Vergleich zu 57 Prozent bei den Verfolgern.

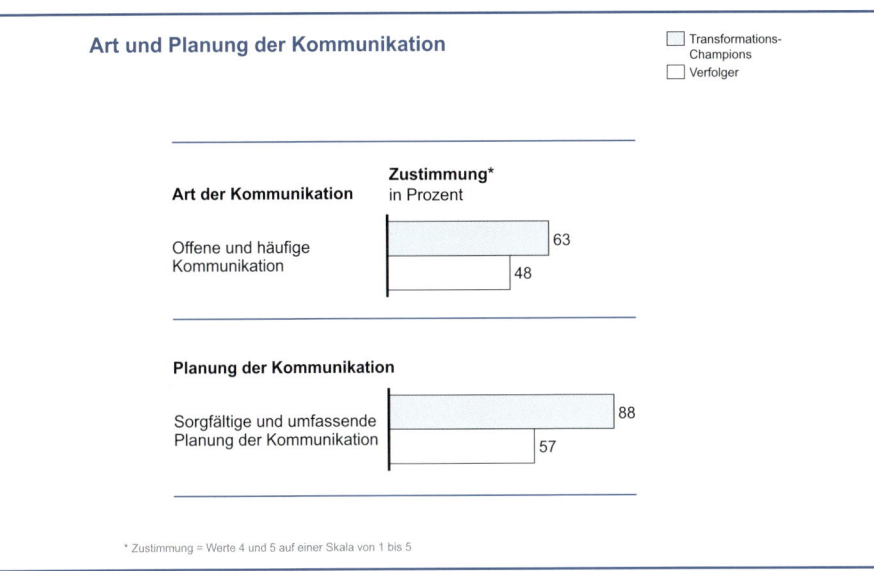

Abbildung 56

Motive und Medien. Grundsätzlich lassen sich bei der Kommunikation eines Wandels vier Motive unterscheiden: Information, Problemlösung, Verständnis und Aufbau von Momentum (große Teile der Belegschaft erfassen und begeistern). Nicht jedes Medium eignet sich für jedes Motiv. Beispielsweise dienen nahezu alle Medien der Information, die Problemlösung dagegen erfordert Interaktion, zum Beispiel in Form von Workshops. Abbildung 57 gibt einen Überblick über mögliche Zuordnungen von Medien zu Kommunikationsabsichten.

Zuordnung Medien zu Kommunikationsabsicht   BEISPIEL

Kommunikationsmedien	Kommunikationsabsicht			
	Information	Problemlösung	Verständnis	Momentum
Interne Kommunikation				
• Schriftlich				
– Brief des Vorstands	✓			
– Projekt-Newsletter	✓			✓
– Schwarzes Brett	✓			✓
• Mündlich				
– Videobotschaften	✓		✓	
– Betriebsversammlungen	✓			✓
– Diskussionsrunden	✓	✓	✓	
– Workshops	✓	✓	✓	
– Lobby-Umtrunk	✓		✓	✓
• Symbolisch				
– T-Shirts, Kaffeetassen etc.	✓		✓	✓
– »Belohnungs-Dinner«	✓		✓	✓
Externe Kommunikation				
• Pressemitteilung	✓			
• Broschüren	✓			
• Meetings mit Geschäftspartnern	✓		✓	
• Analystenkonferenz	✓		✓	

Abbildung 57

Der Kommunikationsplan. Ein umfassender Kommunikationsplan berücksichtigt alle oben genannten Motive, die verschiedenen Zielgruppen und die Kommunikationsmedien. Abbildung 58 zeigt ein Beispiel: Auf der horizontalen Achse ist der zeitliche Verlauf des Projekts in Monaten aufgetragen, auf der vertikalen Achse die Zielgruppen. Für jede Zielgruppe werden, ebenfalls auf der vertikalen Achse, die relevanten Motive aufgetragen. Nun gilt es, die aufgespannte Matrix mit einzelnen Kommunikationselementen zu füllen. Durch die Einteilung in Monate ist auf einen Blick erkennbar, ob alle Zielgruppen ausreichend bedient werden oder ob zusätzliche Kommunikationsmaßnahmen notwendig sind. Wichtig: Der Kommunikationsplan ist nicht statisch, sondern sollte regelmäßig überprüft, fortgeschrieben und gegebenenfalls angepasst werden.

Beispiel eines Kommunikationsplans

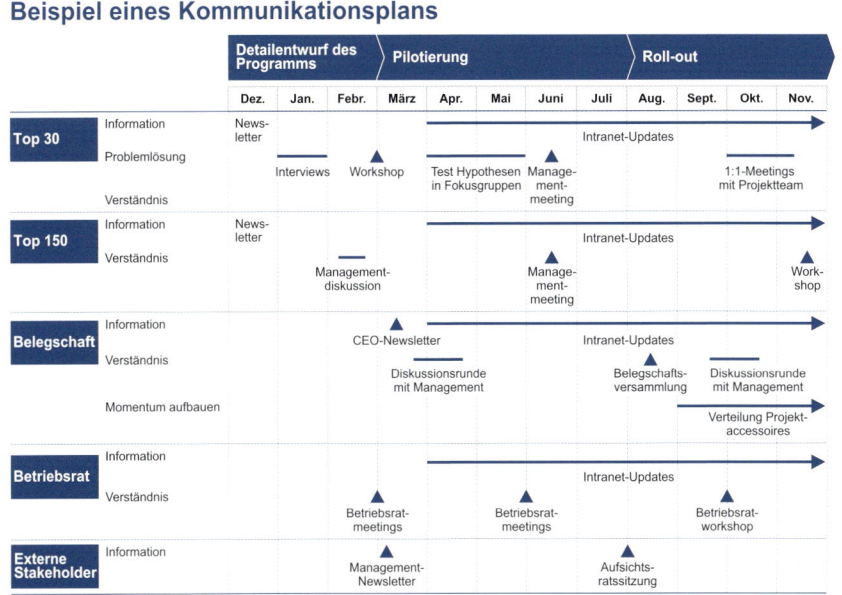

Abbildung 58

Bei umfangreichen Transformationsprogrammen ist es sinnvoll, für die Kommunikationsplanung und die Produktion der Medien Experten einzubinden. Das können Mitarbeiter aus der Internen Kommunikation, der Öffentlichkeitsarbeit und/oder dem Marketing sein oder aber externe Agenturen und Berater.

7

Institutionalisiertes Training:
lernen für die Supply-Chain von morgen

Mit einer Supply-Chain-Transformation kommen auf Mitarbeiter und Führungskräfte eine Reihe von Veränderungen zu: neue Prozesse, neue Software, neue Supply-Chain-Ansätze et cetera – und nichts davon ist selbsterklärend. Vor allem die komplexen Zusammenhänge rund um die Lieferkette sind nicht immer leicht zu verstehen. Allein die Planung geeigneter Sicherheitsbestände ist eine Wissenschaft für sich und dennoch werden ausgerechnet diese bei nicht wenigen Unternehmen nach der Formel »Pi mal Daumen« bestimmt. Entsprechende Software kann zwar helfen, solche Planungen auf eine solidere Grundlage zu stellen, aber auch ihr Einsatz muss gut vorbereitet werden.

Verstehen, nicht nur akzeptieren. Wenn Mitarbeiter nach neuen Methoden arbeiten sollen, genügt es nicht, sie ihnen einfach vorzusetzen; auch gründliche Einführungen in die neuen Vorgehensweisen können den Erfolg nicht garantieren. Damit Menschen neue Abläufe und ein verändertes Verhalten annehmen, müssen sie die Notwendigkeit dafür und die Zusammenhänge zwischen den Einzelprozessen verstehen. Beim Thema Sicherheitsbestände beispielsweise sollten die damit befassten Mitarbeiter eingehend über die Zusammenhänge zwischen Nachfrageschwankungen, Prognosefehlern und Servicelevel informiert werden und gezeigt bekommen, wie sich aus all diesen Informationen ein optimaler Sicherheitsbestand bestimmen lässt. Aber was tun, wenn das Wissen um solche Zusammenhänge nirgendwo im Unternehmen vorhanden ist? Und selbst wenn jemand dieses Wissen hätte, muss es Strukturen geben, die gewährleisten, dass das Wissen an die Mitarbeiter weitergeleitet wird.

Transformations-Champions gehen neue Wege. Die Transformations-Champions gehen bei der Beschaffung, der Vermittlung und der Verarbeitung von Wissen über Supply-Chain-Themen andere Wege als die Verfolger. Sie setzen stärker auf individuelle Weiterbildungsprogramme für ihre Mitarbeiter und auf innovative Methoden der Wissensvermittlung, wie Managementspiele oder Unternehmenssimulationen (siehe Abbildung 59). Dabei bauen sie auf den Wissensvorsprung von Experten, anstatt kostbare Zeit mit Konferenzen und dem Recherchieren in der Fachliteratur zu verlieren.

Bevor die Wissensvermittlung angegangen werden kann, muss jedoch geklärt werden, wo im Unternehmen welches Wissen und welche Fähigkeiten fehlen. Deshalb gehen wir in diesem Kapitel zuerst darauf ein, wie sich herausfinden lässt, welche Wissens- und Fähigkeitsdefizite es gibt und welche als Erstes behoben werden sollten. Anschließend stellen wir die Best Practice eines institutionalisierten Weiterbildungsprogramms vor: die Supply-Chain-Akademie.

Individuelles Mitarbeitertraining mit externen Experten und innovativen Lehrmethoden

☐ Transformations-Champions
☐ Verfolger

Abbildung 59

7.1 Die Fähigkeitenanalyse: Was brauchen wir, was haben wir?

Bei der Fähigkeitenanalyse im Rahmen einer Supply-Chain-Transformation werden die Positionen untersucht, die Schlüsselrollen in den betreffenden Bereichen einnehmen, etwa in der Bestandsplanung, der Produktion oder der Distribution. Dazu legt man im ersten Schritt fest, welche Fähigkeiten und welches Wissen künftig benötigt werden, im zweiten Schritt wird der Status quo untersucht. Als Letztes wird bestimmt, welche Fähigkeitslücken mit welcher Priorität geschlossen werden sollen (siehe Abbildung 60).

Schritt 1 – Definition der zukünftig benötigten Fähigkeiten. Die Unternehmensstrategie gibt den Weg vor, den ein Unternehmen einschlagen will. Deshalb ist sie auch der Ausgangspunkt für die Analyse des Wissens und der Fähigkeiten, die künftig im Unternehmen vorhanden sein sollen. Aus den Ergebnissen der Supply-Chain-Diagnose (siehe Kapitel 3) und aus dem Transformationsprogramm (siehe Kapitel 4) lassen sich die im Einzelnen benötigten Fähigkeiten ableiten.

Ablauf einer Fähigkeitenanalyse

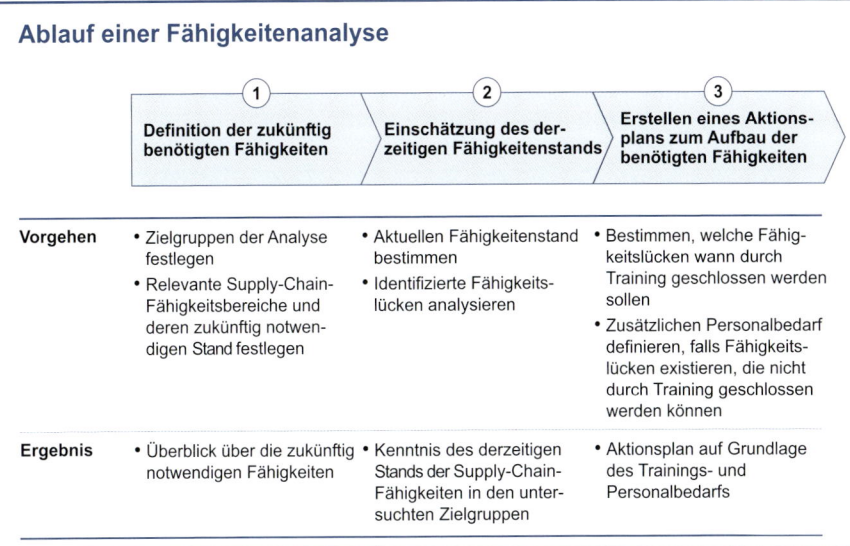

	① Definition der zukünftig benötigten Fähigkeiten	**②** Einschätzung des derzeitigen Fähigkeitenstands	**③** Erstellen eines Aktionsplans zum Aufbau der benötigten Fähigkeiten
Vorgehen	• Zielgruppen der Analyse festlegen • Relevante Supply-Chain-Fähigkeitsbereiche und deren zukünftig notwendigen Stand festlegen	• Aktuellen Fähigkeitenstand bestimmen • Identifizierte Fähigkeitslücken analysieren	• Bestimmen, welche Fähigkeitslücken wann durch Training geschlossen werden sollen • Zusätzlichen Personalbedarf definieren, falls Fähigkeitslücken existieren, die nicht durch Training geschlossen werden können
Ergebnis	• Überblick über die zukünftig notwendigen Fähigkeiten	• Kenntnis des derzeitigen Stands der Supply-Chain-Fähigkeiten in den untersuchten Zielgruppen	• Aktionsplan auf Grundlage des Trainings- und Personalbedarfs

Abbildung 60

Nehmen wir an, die Unternehmensstrategie lautete, sich mit einem besonders guten Kundenservice vom Wettbewerb abzuheben. Um dieses Ziel zu erreichen, ist es meist notwendig, die Prozesse in der Fertigung, der Planung und der Logistik sowie die Bestände zu optimieren. Wenn zum Beispiel von einer Bestandsplanung, die ausschließlich auf Erfahrungen basiert, zu einem methodisch fundierten Vorgehen gewechselt werden soll, muss der Bestandsplaner lernen, wie das neue Softwareprogramm funktioniert und wie der neue Planungsprozess zu durchlaufen ist. Er muss aber auch verstehen, wie Nachfrageprognose, Sicherheitsbestand und Servicelevel zusammenhängen und wie sich zum Beispiel Bestandsfluktuationen bei Kunden und Lieferanten auswirken.

Die Zielgruppen identifizieren. Der erste Schritt bei der Bestimmung des erforderlichen Fähigkeitenstands ist, die Zielgruppen der Trainings zu definieren. Diese werden variieren, je nachdem, welche Bereiche vom Transformationsprogramm betroffen sind. Sind zum Beispiel die Führungskräfte und Mitarbeiter der Bestandsplanung oder der Produktionsplanung als Zielgruppen festgelegt, müssen diese weiter aufgegliedert werden, und zwar in oberes Management, mittleres Management und Linienmitarbeiter. Die zukünftigen Change-Agenten sollten als Erstes geschult werden und ihr Wissen danach direkt am Arbeitsplatz an die Kollegen weitergeben.

Auf das Notwendige konzentrieren. Nachdem die wichtigsten Zielgruppen identifiziert sind, wird definiert, über welche Fähigkeiten sie in

Zukunft verfügen sollten. Das hängt zwar ab von den individuellen Herausforderungen, denen sich das Unternehmen stellen muss; im Allgemeinen kann man jedoch die Bereiche Managementfähigkeiten und funktionale Fähigkeiten unterscheiden (siehe Abbildung 61).

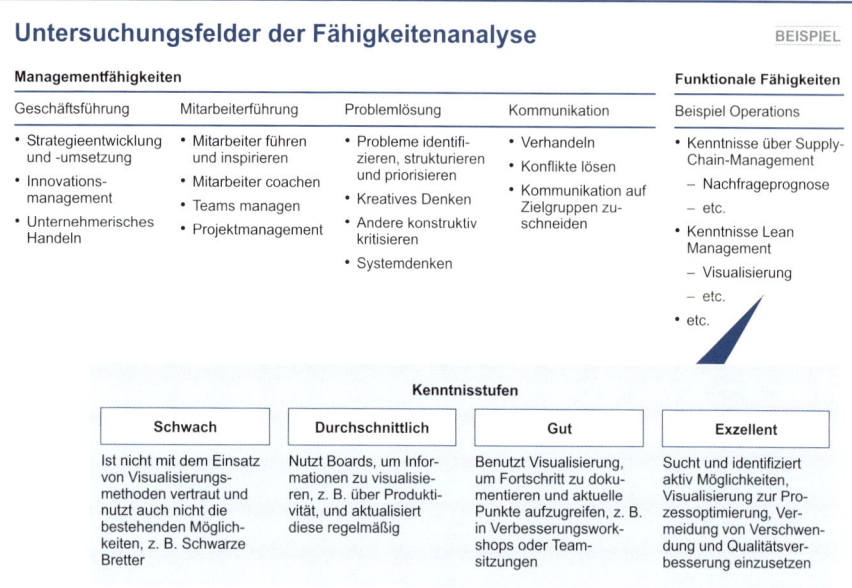

Untersuchungsfelder der Fähigkeitenanalyse

Abbildung 61

Wissen, wohin man will. Sobald die Bereiche und die Fähigkeiten feststehen, die für die zukünftige Organisation besonders wichtig sind, werden die Kenntnisstufen festgelegt, die die Mitarbeiter in den verschiedenen Bereichen erreichen müssen. Für die Abstufung der Kenntnisse ist es praktisch, eine Skala von 1 bis 4 (»Fähigkeit nur schwach entwickelt« bis »exzellent«) zu nutzen und diese Stufen näher zu beschreiben: Was zum Beispiel bedeutet die Stufe 3 im Wissensgebiet »Visualisierung« genau (siehe Abbildung 61)? Ein Problem, das bei der Festlegung des Zielzustands auftreten kann, ist, dass bei allen Fähigkeiten die Stufe 4 als Wunschzustand festgelegt wird, nach dem Motto »Alle müssen überall Spitze sein«. Besser ist es, realistisch zu bleiben und daran zu denken, dass Wünschen auch Taten folgen müssen. Außerdem ist es wichtiger, die für die Transformation entscheidenden Themen zu bearbeiten (zum Beispiel die Fähigkeit zu entwickeln, eine sehr gute Nachfrageprognose zu erstellen), als beispielsweise generell die Präsentationstechniken zu perfektionieren. Am besten legt man daher genau fest, bis wann die Fähigkeitsziele erreicht sein sollen und baut diese Termine in den Transformationszeitplan ein.

Nicht jeder muss alles können. Es gibt Fähigkeiten, die nur ein Teil der Belegschaft sehr gut beherrschen muss. Beispielsweise brauchen nicht alle Mitarbeiter hervorragende Verkäufer zu sein. Und es gibt Fähigkeiten, deren unbedingte Beherrschung nur dann erforderlich ist, wenn die strategische Ausrichtung dies vorgibt. Den Umgang mit SAP zum Beispiel müssen Mitarbeiter nur dann beherrschen, wenn die Software in absehbarer Zeit tatsächlich eingeführt wird. Bei dem Grad der Beherrschung einer Fähigkeit verhält es sich ähnlich: Hier ist es von Vorteil, einen geringen Prozentsatz absoluter Experten in der Organisation zu haben, die man um Rat fragen kann, die die Anderen unterstützen und Vordenker sind. Die meisten Mitarbeiter dagegen kommen mit Anwenderkenntnissen gut zurecht.

Schritt 2 – Einschätzung des derzeitigen Fähigkeitenstands. Nachdem klar ist, welche Fähigkeiten und welches Wissen in der zukünftigen Organisation an welcher Stelle vorhanden sein sollen, ist der Status quo zu bestimmen. Wie man dabei am besten vorgeht, hängt davon ab, welche Organisationsebene gerade im Mittelpunkt steht und wie umfangreich die Fähigkeitenanalyse ist (Anzahl zu untersuchender Positionen und zu prüfender Fähigkeiten). Wenn viele Positionen und Mitarbeiter betrachtet werden sollen, wird beispielsweise am besten ein standardisierter Fragebogen von der jeweiligen Führungskraft ausgefüllt. Für die höheren Führungsebenen könnte ein 360-Grad-Feedback pro Position durchgeführt werden – eine Methode, bei der mehrere Personen aus dem Umfeld des Betrachteten über diesen befragt werden. Diese und viele andere mögliche Methoden sind allerdings relativ aufwendig und sollten daher sparsam verwendet werden.

Wer kann was? Strukturierte Erfassung des Status quo. Die schnellste, universell einsetzbare Methode, um sich einen Überblick über Stärken, Schwächen, Kenntnisse und den Wissensstand der Mitarbeiter zu verschaffen, ist das Vorgesetzteninterview. Dabei wird gewöhnlich ein halbstrukturierter Fragebogen genutzt, der die im ersten Schritt definierten Fähigkeitsbereiche umfasst. Die Fähigkeiten werden dann auf einer Skala, zum Beispiel von »1« bis »4«, bewertet. Einen Beispielfragebogen für das Supply-Chain-Management finden Sie in Abbildung 62.

Fragebogen Fähigkeitenanalyse BEISPIEL

Bewerten Sie die folgenden Supply-Chain-Management-Fähigkeiten von Person X/ Gruppe Y	Schwach	Durch-schnittlich	Gut	Exzellent
• Einen optimierten Prognoseprozess entwerfen und implementieren				
• Die Supply-Chain für verschiedene Produkte/Segmente differenzieren				
• Netzwerke (Produktionsstätten, Lager, Transportrouten) optimieren/neu gestalten				
• Das Supply-Chain-Management an Kundeninteressen ausrichten				
• Logistikdienstleister managen				
• Prozessstandards für Distributionslager setzen				
• Die Supply-Chain-Leistung (Servicelevel, Kosten, Kapital) messen				
• Die Höhe der Bestände optimieren				

Abbildung 62

Schritt 3 – Erstellen eines Aktionsplans zum Aufbau der benötigten Fähigkeiten. Die Schritte 1 und 2 haben gezeigt, wo es noch Fähigkeits-lücken gibt, wo also Zielzustand und Status quo voneinander abweichen. Diese Lücken können nun nach Zielgruppen und Fähigkeitsbereichen zusammengefasst werden. Ein Beispiel für eine Übersicht über den Stand der Fähigkeiten im Gesamtunternehmen finden Sie in Abbildung 63. Am sinnvollsten ist es, als Erstes die Lücken anzugehen, die verhindern könnten, dass die Ziele der Transformationsagenda erreicht werden. Alle weiteren Lücken können dann in Intervallen von drei, sechs, zwölf oder vierundzwanzig Monaten geschlossen werden.

Auch das Einstellen von Mitarbeitern erwägen. Es kann vorkommen, dass bei Wissens- und Fähigkeitslücken in Schlüsselpositionen keine Chance besteht, diese durch Training oder Coaching von Mitarbeitern zu schließen. Oder es findet sich für eine neu geschaffene Position in der reorganisierten Supply-Chain einfach nicht der passende interne Kandi-dat. In diesen Fällen muss auch erwogen werden, einen Externen neu einzustellen. Wichtig ist, diesen Einstellungsbedarf schon sehr früh im Transformationsprozess zu erkennen und die Neueinstellungen vorzube-reiten, denn Experten sind oft schwierig zu rekrutieren und fehlen dann später bei der Besetzung der Positionen als Change-Agenten.

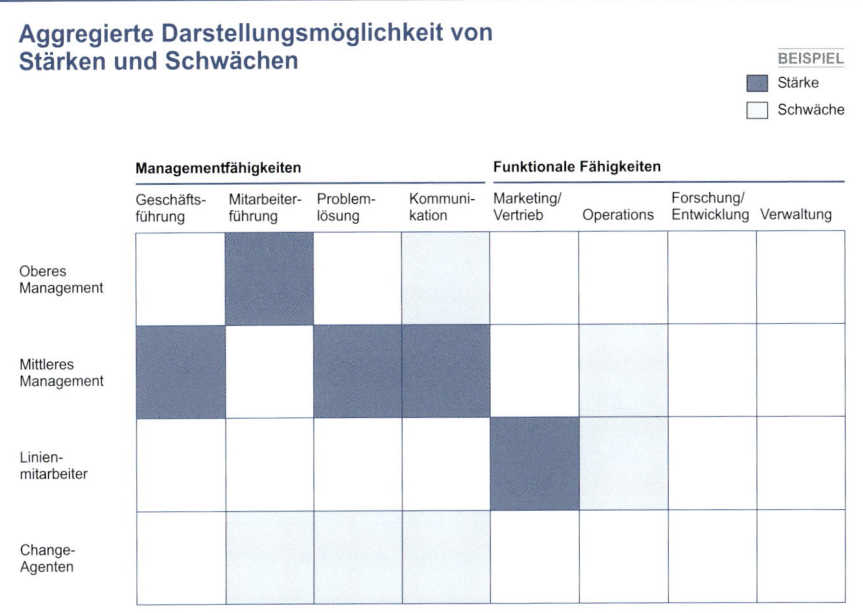

Aggregierte Darstellungsmöglichkeit von Stärken und Schwächen

Abbildung 63

In den folgenden Abschnitten beschreiben wir, wie ein Trainingsprogramm aufgebaut wird, das die Fähigkeitslücken schließt, und wie die Lehrinhalte für eine Supply-Chain-Transformation aussehen.

7.2 Das Trainingsprogramm erstellen und institutionalisieren: eine Akademie nur für Supply-Chain-Themen

Trainingsprogramme sind in der Unternehmenswelt schon lange nichts Neues mehr. Häufig unklar ist allerdings, wie sie organisatorisch eingebettet, welche Lehrinhalte vermittelt und wie diese didaktisch aufbereitet werden sollen. Wir stellen in diesem Abschnitt eine besondere Art des Trainingsprogramms speziell für Supply-Chain-Themen vor: die Supply-Chain-Akademie.

Varianten der Akademie. Eine Akademie ist eine Lernumgebung, in der die Fähigkeiten der Mitarbeiter einer Organisation weiterentwickelt werden. Die Zielgruppen einer Akademie können von der obersten Managementebene bis zu den Arbeitern am Fließband reichen. Aber auch Change-Agenten, die einen hierarchischen Querschnitt repräsentieren, sind eine mögliche Zielgruppe. Wichtig ist nur, dass jedes Angebot der

Akademie zielgruppenspezifisch ausgerichtet ist. Ob die Akademie in einem eigenen Gebäude untergebracht und mit Vollzeitkräften ausgestattet ist oder ob sie lediglich ein gesondertes Programm des Weiterbildungsangebots der Personalabteilung umfasst, ist dabei eher nebensächlich und hängt vor allem von der Größe und den Ressourcen des Unternehmens ab.

Viele Entscheidungen. Beim Aufbau einer Supply-Chain-Akademie ist zwischen der Gestaltungs- und der Ausführungsphase zu unterscheiden. In der Gestaltungsphase muss definiert werden, welches übergeordnete Ziel das Unternehmen mit dem Aufbau einer Akademie erreichen will; auch die Struktur der Akademie ist festzulegen. Wenn diese Rahmenbedingungen geklärt sind, wird in der Ausführungsphase über Lehr-/Lernansatz, Lehrkräfte und die Erfolgsmessung der Akademie entschieden. Abbildung 64 zeigt die Kernfragen, die beim Aufbau einer Akademie beantwortet werden müssen.

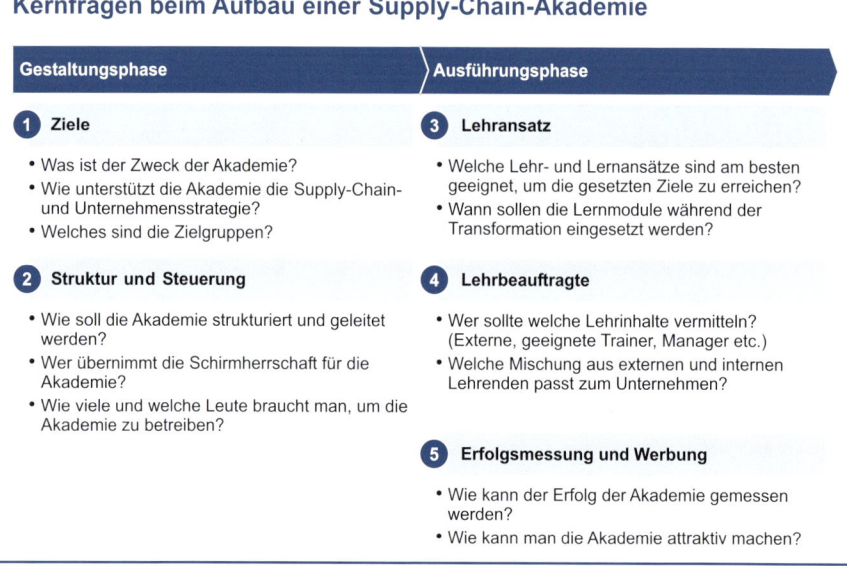

Kernfragen beim Aufbau einer Supply-Chain-Akademie

Gestaltungsphase

1 Ziele
- Was ist der Zweck der Akademie?
- Wie unterstützt die Akademie die Supply-Chain- und Unternehmensstrategie?
- Welches sind die Zielgruppen?

2 Struktur und Steuerung
- Wie soll die Akademie strukturiert und geleitet werden?
- Wer übernimmt die Schirmherrschaft für die Akademie?
- Wie viele und welche Leute braucht man, um die Akademie zu betreiben?

Ausführungsphase

3 Lehransatz
- Welche Lehr- und Lernansätze sind am besten geeignet, um die gesetzten Ziele zu erreichen?
- Wann sollen die Lernmodule während der Transformation eingesetzt werden?

4 Lehrbeauftragte
- Wer sollte welche Lehrinhalte vermitteln? (Externe, geeignete Trainer, Manager etc.)
- Welche Mischung aus externen und internen Lehrenden passt zum Unternehmen?

5 Erfolgsmessung und Werbung
- Wie kann der Erfolg der Akademie gemessen werden?
- Wie kann man die Akademie attraktiv machen?

Abbildung 64

1. Ziele. Zu Beginn muss die Rolle der Supply-Chain-Akademie gegenüber anderen Weiterbildungsmöglichkeiten im Unternehmen abgegrenzt werden. Was ist ihr spezieller Zweck, ihr Ziel im Gegensatz zu den üblichen Unternehmenstrainings? Sie kann sich beispielsweise auf die Inhalte des Transformationsprogramms beschränken, die ja direkt mit der Erfüllung des Transformationsziels zusammenhängen. So ist auch sichergestellt, dass die Akademie direkt zur Umsetzung der übergeordneten

Unternehmensstrategie beiträgt. Welche Zielgruppen mit der Akademie angesprochen werden, richtet sich nach den Ergebnissen der Fähigkeiten-analyse und damit nach den jeweiligen strategischen Herausforderungen. Bei einer Supply-Chain-Transformation ist es sinnvoll, mit der Schulung von Change-Agenten zu beginnen und danach fortzufahren mit speziellen Mitarbeitergruppen wie den Linienmitarbeitern, die für die Nachfrage-prognose oder die Bestandsplanung zuständig sind.

2. Struktur und Steuerung. Nachdem das Ziel der Akademie bestimmt ist, werden die Strukturen und Rollen innerhalb der Akademie festgelegt; dazu gehört auch die Berichtsstruktur. Wer leitet die Akademie – der Personalchef des Unternehmens, der Abteilungsleiter für Weiterbildung oder sogar ein Supply-Chain-Experte aus dem Unternehmen oder einer Universität? Als Sponsor für die Akademie kann der Vorstandsvorsitzen-de oder ein Mitglied des Vorstands auftreten, zum Beispiel derjenige, der sich der Supply-Chain-Dimension »Unterstützungsprozesse« angenom-men hat (siehe Kapitel 3). Ferner wird das Budget festgelegt, das der Akademie zur Verfügung steht. Näherungswerte für die Kostenverteilung wären zum Beispiel 30 Prozent Übernahme durch die Zentrale und 70 Prozent Kostenübernahme durch die nutzenden Abteilungen.

3. Lehransatz. Ob Unterrichtseinheiten im Seminarraum oder direkt am Arbeitsplatz stattfinden, ob mit Case Studies oder Vorlesungen gear-beitet werden soll, ob die Lernmodule nur den Anfang der Transformation oder alle Phasen begleiten und mit Coaching abschließen – das alles hängt vor allem von den zu vermittelnden Inhalten ab. Die Inhalte wiederum leiten sich aus der Fähigkeitenanalyse ab. Wir können die Inhalte auch an den Supply-Chain-Dimensionen festmachen, die wir bereits für die Diag-nose eingesetzt haben. Ein mögliches Curriculum einer Supply-Chain-Akademie haben wir in Abbildung 65 zusammengestellt.

Die Transformations-Champions halten sich bei der Vermittlung der Inhalte überwiegend an Aristoteles' Lehrsatz »Was man lernen muss, um es zu tun, das lernt man, indem man es tut«. Dieses Learning by Doing entspricht einem der Ansätze, die beim Erwachsenenlernen essenziell sind. Ein Viertel der Transformations-Champions nutzt bereits interaktive Lehrformen wie Managementspiele und Simulationen, in denen Lehrin-halte durch eigene Erfahrungen und nicht per Frontalunterricht vermittelt werden, aber nur 4 Prozent der Verfolger machen davon Gebrauch (siehe Abbildung 59). Ein Beispiel für solch ein Managementspiel ist das im folgenden Kasten vorgestellte Lötspiel.

Mögliche Lehrinhalte einer Supply-Chain-Akademie   BEISPIEL

Dimension	Servicelevel-Management	Bestellungs- und Nachfragemanagement	Produktions-management	Lieferanten-management	Distributions-management
Lernmodul	• Zusammenarbeit mit Kunden • Servicelevel-Management • Kundenservice-strategie	• Absatzplanung und -vorhersage • Auftrags-management • Einflussmöglich-keiten auf die Kundennachfrage • Bestandsmanage-ment	• Produktionspla-nung, Terminie-rung und Kontrolle • Schlanke Pro-duktion • Materialfluss der Produktion und physische Logistik	• Zusammenarbeit mit Lieferanten • Lieferanten-Performance-Management • Unternehmens-interne Logistik • Lieferanten-management	• Prozessmanage-ment in Distribu-tionszentren und Lagern • Fracht und Trans-port

Dimension	Unterstützungs-prozesse	Supply-Chain-Konfiguration		Verschiedene SC-Inhalte
Lernmodul	• Performance-Management • Supply-Chain-Organisation • IT-Werkzeuge im Supply-Chain-Management • Supply-Chain-Strategie • Produktlebens-zyklusmanagement	• Design für die Lo-gistik (Schnittstelle zu Forschung und Entwicklung) • Out- und Insour-cing, Make-or-Buy-Entscheidung • SKU^G-Rationali-sierung/Komplexi-tätsmanagement • Produktionsnetz-strategie	• Distributionsnetz-strategie • Strategien der Geschäftsplanung • Risikomanage-ment	• Geschichte des Supply-Chain-Managements • »Supply-Chain Hype« und was falsch gelaufen ist • Supply-Chain der Zukunft (10 Jahre)

Quelle: McKinsey-Supply-Chain-Akademie

Abbildung 65

Das Lötspiel: ein Managementspiel zum aktiven Lernen

Das Lötspiel ist ein Managementspiel, bei dem in Teams von vier bis acht Mitspielern ein Konzept für einen Produktionsprozess erstellt wird. Dieses wird dann mit echten Materialien umgesetzt und die Produktion simuliert. Das Ziel des Spiels ist es, bei den Teilnehmern ein Bewusstsein für die Probleme, Einflüsse und Lösungsansätze rund um den Produktionsprozess zu schaffen. Daran anknüpfend können verschiedene Lehrinhalte für ein genaues Verständnis der beobachteten Vorgänge geschaltet werden. Das Spiel wird bei der Veranstaltung »Supply-Chain-Planning« zur Ausbildung von Studenten der Betriebswirtschaftslehre und anderer Studiengänge an der Universität zu Köln eingesetzt.

Der Rahmen des Spiels. Im Lötspiel übernehmen die Teilnehmer die Position des Optimierungsteams eines Elektronikherstellers. Das Team soll den Produktions-prozess für eine Produktgruppe optimieren, die sich aus drei Varianten des Produkts »Modem« zusammensetzt. Diese Varianten bestehen aus verschiedenen Kombinationen von Platinen, LEDs, elektrischen Widerständen, Transistoren und Kabeln. Die Produktbeschreibung der Variante Nr. 2 haben wir als Beispiel in Abbildung 66 dargestellt.

Beispielbauplan für Produktvariante Nr. 2

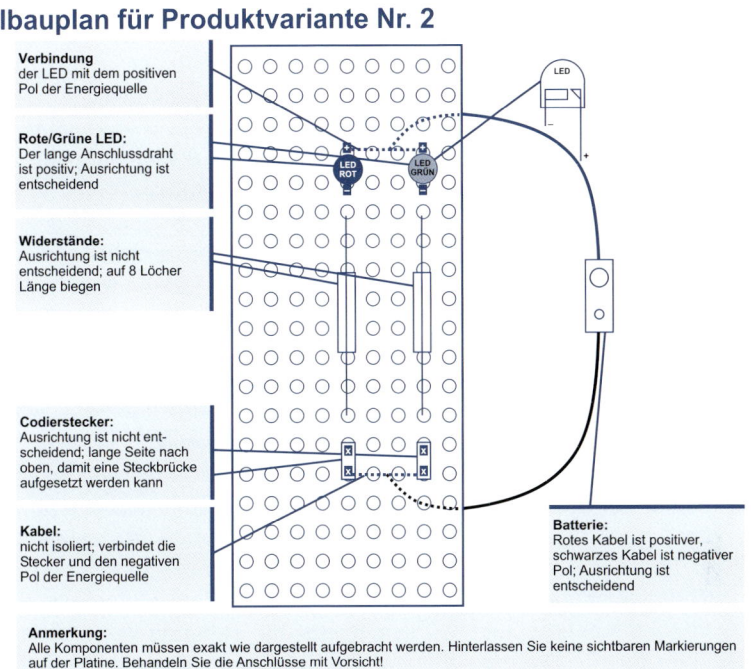

Verbindung
der LED mit dem positiven
Pol der Energiequelle

Rote/Grüne LED:
Der lange Anschlussdraht
ist positiv; Ausrichtung ist
entscheidend

Widerstände:
Ausrichtung ist nicht
entscheidend; auf 8 Löcher
Länge biegen

Codierstecker:
Ausrichtung ist nicht entscheidend; lange Seite nach
oben, damit eine Steckbrücke
aufgesetzt werden kann

Kabel:
nicht isoliert; verbindet die
Stecker und den negativen
Pol der Energiequelle

Batterie:
Rotes Kabel ist positiver,
schwarzes Kabel ist negativer
Pol; Ausrichtung ist
entscheidend

Anmerkung:
Alle Komponenten müssen exakt wie dargestellt aufgebracht werden. Hinterlassen Sie keine sichtbaren Markierungen
auf der Platine. Behandeln Sie die Anschlüsse mit Vorsicht!

Abbildung 66

Der Produktionsvorgang. Der Prozess der Modemproduktion kann in vier Phasen aufgeteilt werden: (1) Vorbereitung der Einzelkomponenten, bestehend zum Beispiel aus dem Zuschneiden der Platine sowie der Drähte und Stecker, (2) Bestücken der Platinen mit den Einzelkomponenten nach Bauplan, (3) Auflöten der Komponenten auf die Platine, (4) Testen der ordnungsgemäßen Funktionsweise der Modems mithilfe einer 9-Volt-Batterie. Alle Vorgänge der Phasen 1 bis 3 können dabei in beliebiger Reihenfolge ausgeführt werden. Nur das Testen der Funktionstüchtigkeit (Phase 4) steht zwingend am Ende des Produktionsvorgangs.
Die Rahmenbedingungen der Produktion. Außer der konkreten Produktspezifikation gibt es noch eine Reihe weiterer Rahmenbedingungen für die zu fertigenden Produkte. So sind die Nachfragewerte des Kunden für die drei Produktvarianten aus der Vergangenheit bekannt. Diese sind aber nicht immer konstant, sondern schwanken mit gewissen Wahrscheinlichkeiten um bekannte Mittelwerte. Vorgegeben sind auch die Produktpreise, die Kosten für Materialien der Einzelteile (Drähte, LEDs, Widerstände et cetera) und der eingesetzten Arbeit sowie die Kapitalkosten für Bestände an Endprodukten und Halbfertigprodukten. Umsätze werden nur dann erzielt, wenn alle bisherigen Aufträge des Kunden erfolgreich erfüllt wurden und wenn die gelieferten Modems einwandfrei funktionieren.

Das Unternehmensziel. Das oberste Ziel, an dem sich die Effizienz der Produktion messen lassen muss, ist der Cashflow. Ein negativer Cashflow kann dabei schnell zur Insolvenz des Unternehmens führen. Die Teilnehmer erhalten die genaue Definition des Cashflows und vorbereitete Berechnungstabellen.

Das Spiel. Die Aufgabe des Optimierungsteams ist, einen Produktionsprozess zu modellieren, der – unter Berücksichtigung der Rahmenbedingungen – den Cashflow maximiert. Dazu sind folgende Teilaufgaben zu erfüllen:

- **Erstellen eines Vorschlags für den Produktionsprozess.** Dies kann schriftlich oder in Form einer Präsentation geschehen. Das Vorgehen soll dargestellt werden, indem (1) die kritischen Variablen identifiziert werden, die den Prozess beeinflussen, (2) die Unterziele für die Maximierung des Cashflows definiert werden und (3) ein optimierter Prozessablauf vorgeschlagen wird. Die Produktspezifikationen, der Produkttest, die Nachfrage des Kunden sowie die Preis- und Kostendaten können dabei nicht verändert werden.
- **Simulation der Prozessabläufe mit echten Materialien und Erfolgsmessung anhand der Messung des Cashflows.** In einer *zehnminütigen Vorbereitungsphase* muss/müssen (1) die Fabrik aufgebaut werden, (2) Stellenbeschreibungen für jeden an der Produktion beteiligten Mitarbeiter formuliert und vor ihm sichtbar angebracht werden, (3) Materialien von der Lieferantenstation besorgt und (4) die interne Supply-Chain bereits mit Endprodukten und Halbfertigprodukten bestückt werden, damit in der Simulationsphase keine Produktionsanlauf-Effekte auftreten.

  Während einer *fünfminütigen Aufwärmphase* werden (1) die Bestände der End- und Halbfertigprodukte und Rohmaterialien gezählt, (2) zusätzlich benötigte Rohmaterialien an der Lieferantenstation eingekauft und (3) alle nicht produzierenden Teammitglieder des Produktionsbereichs verwiesen.

  In der eigentlichen *Simulationsphase*, die 20 Minuten umfasst, wird umgesetzt, was vorher geplant wurde. In dieser Zeit beschäftigt sich das Produktionsteam damit, (1) Kundenaufträge anzunehmen, die alle 40 Sekunden eingehen, (2) die Produktionsarbeit zu verrichten (also die Modems zusammenzusetzen, zu verlöten und zu testen), (3) die Endprodukte an die Kunden zu verschicken, (4) reklamierte Aufträge zurückzunehmen, um diese eventuell zu überarbeiten, und (5) je nach Bedarf Rohmaterialien einzukaufen.

  Während der gesamten Simulation werden die Ereignisse von Auditoren (ein Team, das die Simulation noch vor sich beziehungsweise schon hinter sich hat) begleitet. Diese Auditoren nehmen Hilfspositionen im Spiel ein, sie betreiben zum Beispiel die Lieferantenstation oder machen die Qualitätstests beim Kunden. Sie beobachten und protokollieren aber auch, was ihnen während der Simulation auffällt und erfassen Kennwerte wie die Anzahl eingekaufter Transistoren et cetera, die zur Erfolgsmessung benötigt werden.
- **Auswertung der Ergebnisse und Verknüpfung mit Lehrinhalten.** Nachdem die Teams ihre Simulation abgeschlossen haben, werden die erzielten Cashflows berechnet und die Eindrücke der Teams als Produzierende und Auditoren wiedergegeben. In einem sich anschließenden Workshop oder in Unterrichtseinheiten kann mit geeigneten Lehrinhalten direkt an das Erlebte angeknüpft werden.

Einsatz des Lötspiels. Mit dem Lötspiel kann eine Vielzahl von Lehrinhalten eingeführt werden. Die offensichtlichsten sind natürlich Methoden der Prozessflussoptimierung, der schlanken Produktion und der Nachfrageprognose. Je nach Schwerpunkt kann das Lötspiel auch dafür eingesetzt werden, Themen der Teamarbeit, Vorschlags- und Präsentationserstellung, des organisatorischen Verhaltens oder des Trainings am Arbeitsplatz einzuführen, um nur einige zu nennen. So kann das Spiel beispielsweise dahingehend modifiziert werden, dass die Auditoren nach einer Simulationsrunde das bestehende Prozessdesign aufgrund der erkannten Mängel reorganisieren und das Produktionsteam darin schulen müssen.

4. Lehrbeauftragte. Bei der Zusammensetzung der Fakultät einer Akademie ist es am besten, auf eine Mischung aus internen und externen Kräften zu setzen. Die Vorteile: Die internen Kräfte verfügen über Wissen und Erfahrung aus dem direkten Unternehmensumfeld; außerdem können sich Manager durch ein Engagement als Lehrende gut auf ihre Rolle als Coaches und Change-Agenten für die Linienmitarbeiter vorbereiten. Die externen Experten dagegen bringen neueste Erkenntnisse und Ansätze sowie Erfahrungen aus anderen Branchen in die Akademie ein und ermöglichen so eine Übertragung von Best Practice auf das Unternehmen. Die Transformations-Champions setzen genau aus diesem Grund verstärkt auf externe Fachkräfte. Um Kontinuität und Qualität zu gewährleisten, bietet es sich an, langfristige Allianzen mit etablierten Bildungseinrichtungen zu schließen.

5. Erfolgsmessung und Werbung. Der Wert von Weiterbildungsinstitutionen wird gelegentlich in Frage gestellt; Supply-Chain-Akademien bilden hier keine Ausnahme. Auch hier strebt die Unternehmensleitung natürlich nach einer angemessenen Rendite. Deshalb lohnt es sich, quantitative und qualitative Belege für den Erfolg der Einrichtung zu sammeln. Beispielsweise können sich die Lehrenden in gewissem Abstand zur eigentlichen Trainingseinheit noch einmal mit den Teilnehmern treffen und den tatsächlichen Einfluss der Lehrinhalte auf deren tägliche Arbeit abfragen. An dieses Gespräch könnte sich auch eine Coaching-Einheit anschließen, um den Transfer der Lehrinhalte in den Arbeitsalltag zu garantieren. Um den Erfolg einer Akademie zu messen, können auch spezielle Kennzahlen eingesetzt werden, beispielsweise die Zahl der Anmeldungen, die Quote der Anmeldungen von bisherigen Teilnehmern, die quantitativen Bewertungen der Teilnehmer, aber auch die Entwicklung der Supply-Chain-Leistung. Die Kennzahlen werden beim Aufbau der Akademie festgelegt und regelmäßig kontrolliert. Letztlich zeigt sich der Erfolg einer Akademie darin, ob neue Ansätze und Prozesse wirklich in der Praxis eingesetzt werden, ob es gelingt, neben dem externen auch einen internen Stamm von Lehrenden aufzubauen und ob das Linienmanagement von der positiven Wirkung der Akademie überzeugt ist. Um die Attraktivität einer Teilnahme an der Akademie zu erhöhen, können Informationen zu besonders erfolgreichen Programmen über die etablierten Kommunikationswege (zum Beispiel Intranet, Projekt-Newsletter) an die Belegschaft weitergegeben werden. Wichtig ist, dass dabei deutlich wird: Die Akademie ist eine besondere Form der Weiterbildung, die alle nutzen, weil die Lernmodule persönlich und fachlich bereichernd sind, und nicht, weil sie es müssen.

Wie Erwachsene lernen

Menschen lernen vom Moment ihrer Geburt an. Oft wird der Begriff Lernen daher mit den frühen Lebensphasen eines Menschen in Zusammenhang gebracht. Das lebenslange Lernen, insbesondere im beruflichen Umfeld eines Menschen, ist aber mindestens ebenso wichtig. Damit die Wissensvermittlung für Erwachsene den gewünschten Erfolg zeigt, ist es sinnvoll, sich anzuschauen, was Forscher über das spezielle Lernverhalten von Erwachsenen herausgefunden haben:

- Erwachsene lernen besonders gut, wenn das, was sie lernen sollen, mit den Problemen zu tun hat, die sie alltäglich beschäftigen. Deshalb ist es wichtig, Trainings rund um die strategischen Probleme und Aufgaben aufzubauen, die für die jeweiligen Zielgruppen gerade aktuell sind.
- Erwachsene lernen viel besser, wenn sie die Lerninhalte in ihrer eigenen Arbeitsumgebung ausprobieren und umsetzen können. Ein Negativbeispiel wäre ein Trainer, der per Frontalunterricht etwas zeigt, bei dem die Lernenden nur zuschauen dürfen, dazu noch in einem Seminarraum fernab ihres tatsächlichen Arbeitsumfelds.
- Um große Lernfortschritte zu erzielen, ist es oft von Vorteil, die gewohnten Bahnen vollständig zu verlassen und einmal etwas völlig Neues auszuprobieren. Denn bei großen Veränderungen geht es oft nicht darum, das Alte besser zu machen, sondern die Mitarbeiter zu befähigen, sich mehr zuzutrauen, als sie bisher für möglich erachtet haben.
- Lernen ist langwierig: Verstehen, Erkenntnisse gewinnen, neue Probleme erkennen, Lösungen suchen, ausprobieren – das alles sind Prozesse, die nicht linear, sondern zyklisch ablaufen. Deshalb ist es wichtig, während Veränderungsphasen Formate wie Foren oder Arbeitsgruppen zu schaffen, in denen sich Mitarbeiter regelmäßig zusammenfinden und Fragen, Lerninhalte und Erfahrungen immer wieder neu aufarbeiten können, anstatt zu versuchen, mit vorgedruckten Arbeitsanweisungen zurechtzukommen. In solchen Foren können sich Mitarbeiter oft auch mit Kollegen austauschen, die sich in einer ähnlichen Situation befinden wie sie selbst – gerade dieser Austausch macht das Lernen im Unternehmen aus.

- Für Erwachsene ist es wichtig zu verstehen, warum etwas funktioniert, und auch, warum es eben nicht funktioniert. Deshalb ist es notwendig, sich nicht nur mit Erfolgen, sondern auch mit Misserfolgen auseinanderzusetzen – und oft lässt sich am meisten lernen, indem man Erfolge und Misserfolge miteinander vergleicht.
- Fragen hat man nicht unbedingt dann, wenn man mit Sachverhalten erstmals konfrontiert wird, sondern oft erst im Nachhinein. Manche Teilnehmer eines Trainings scheuen sich auch, vor großen Gruppen zuzugeben, dass sie etwas noch nicht verstanden haben. Deshalb muss es immer Möglichkeiten geben, Fragen noch zu einem späteren Zeitpunkt zu stellen – zum Beispiel, indem im Unternehmen Ansprechpartner oder Mentoren benannt werden, die Fragen auch später beantworten können, etwa wenn sie erst bei der Umsetzung des Gelernten am Arbeitsplatz entstehen.

Quellen: Daloz 1999, Kegan 1982, Knowles 1984, Kolb 1984, Lave/Wenger 1991, Mezirow 1991, Schön 1983

8

Wie Ihr Unternehmen den Weg zum Supply-Chain-Champion schafft: das Gesamtprogramm auf einen Blick

In den vorangegangenen Kapiteln haben wir beschrieben, wie es den Transformations-Champions gelungen ist – und in Programmen zur kontinuierlichen Verbesserung immer noch gelingt –, die Leistung ihrer Lieferkette spürbar zu verbessern. Wir sind dabei den Hauptunterschieden zwischen Champions und Verfolgern nachgegangen, haben daraus Empfehlungen abgeleitet und diese mit Beispielen aus erfolgreichen Unternehmen illustriert. Jetzt ist es an der Zeit, die einzelnen Elemente des Veränderungsprogramms noch einmal aus der Gesamtperspektive zu betrachten und zeitlich in die richtige Abfolge zu bringen.

8.1   Die drei Phasen eines Transformationsprogramms

Die Transformation lässt sich grob in drei Phasen einteilen (siehe Abbildung 67): Am Beginn steht die Analyse- und Planungsphase, in der auch das Gesamtprogramm entwickelt wird. Daran schließt sich die Umsetzungsphase mit den einzelnen Projekten an; zeitgleich wird die Verbesserung durch ein Projektcontrolling unterstützt, das im Laufe der Transformation zu einem umfassenden Performance-Management ausgebaut wird. In der letzten Phase geht das Veränderungsprogramm in einen kontinuierlichen Verbesserungsprozess über. Alle Phasen werden von umfassenden Kommunikationsmaßnahmen begleitet.

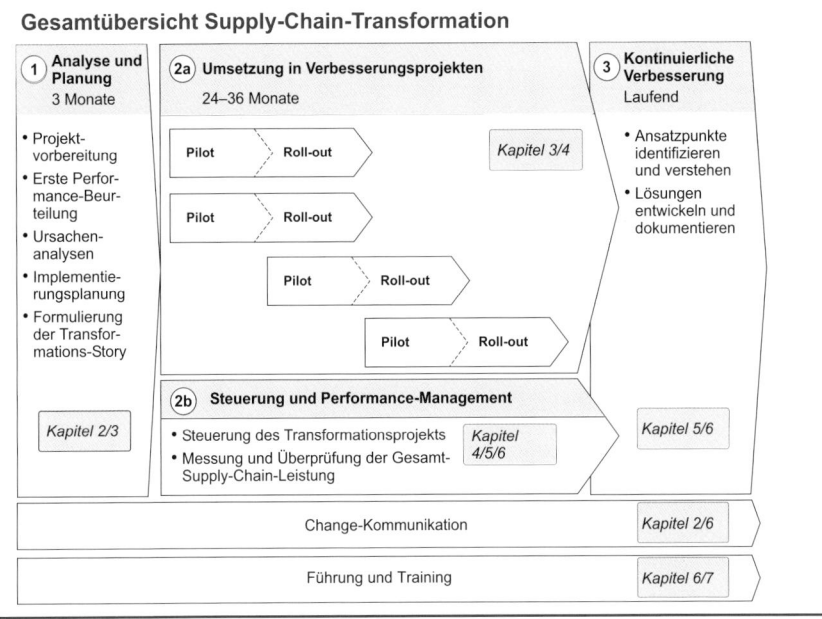

Abbildung 67

1) Die Analyse als Fundament des Transformationsprogramms. Nach den vorbereitenden Arbeiten (Projektteam zusammenstellen, Daten anfordern/aufbereiten) wird zunächst die Supply-Chain-Leistung umfassend analysiert. Schon jetzt werden erste Hypothesen für Verbesserungen aufgestellt, die das Projektteam in den darauf folgenden Ursachenanalysen überprüft und weiterentwickelt. Auf Basis der Ergebnisse dieser Analysen kann schließlich das Gesamtverbesserungsprogramm für die kommenden Jahre entwickelt werden, das alle Maßnahmen, aber auch Details zur Pilotumgebung und zum Roll-out-Plan enthält. Bereits bei der Programmplanung sollten Sie auf professionelle Kommunikation setzen. Ein wichtiger Erfolgsfaktor in dieser ersten Programmphase ist die Transformations-Story, die den Großteil der Mitarbeiter emotional erreichen muss, damit das Veränderungsprogramm greift (siehe Kapitel 2).

2a) Umsetzung der Transformationsthemen in Verbesserungsprojekten. Das Gesamtprogramm besteht aus einer Vielzahl von Transformationsprojekten, die sich aus den Transformationsthemen ableiten (siehe Kapitel 4). Zu diesen Projekten kann die Optimierung der Nachfrageplanung ebenso zählen wie die Reduzierung der Produktvarianten oder die Neuordnung der Zuständigkeiten von Einkauf und Logistik. Die Projekte werden teils parallel, teils nacheinander bearbeitet. Die Maßnahmen, die am wenigsten komplex sind, aber dennoch ein hohes Verbesserungspotenzial bergen, werden zuerst pilotiert und dann im gesamten Unternehmen umgesetzt. Beim Roll-out hat sich ein Vorgehen in Wellen als besonders effektiv erwiesen. Hierbei werden die einzelnen Unternehmensbereiche sukzessive in die Umsetzung der erfolgreich pilotierten Maßnahmen einbezogen.

2b) Kontrolle der Verbesserungen. Parallel zur Umsetzung und Koordinierung der einzelnen Projekte muss gewährleistet werden, dass die eingeleiteten Verbesserungen auch tatsächlich eintreten. Dafür ist das Programmbüro zuständig (siehe Kapitel 4). Es sorgt auch dafür, dass bei Diskrepanzen oder verzögerter Umsetzung frühzeitig gegengesteuert wird. Unabhängig von den einzelnen Projekten wird in dieser Phase auch ein Performance-Management etabliert. Es dient dazu, die Supply-Chain-Leistung – und damit auch die Leistung von einzelnen Bereichen, Abteilungen, Teams und Mitarbeitern – anhand von unternehmensweit gültigen Kennzahlen kontinuierlich zu messen und zu überprüfen (siehe Kapitel 5).

3) Die Supply-Chain kontinuierlich weiterentwickeln. Mit dem Abschluss des Gesamtprogramms sollte das Thema Supply-Chain-Optimierung allerdings nicht sofort ad acta gelegt werden. Vielmehr müssen weiterhin Verbesserungen angestoßen und neue Initiativen entwickelt werden. Im Zusammenspiel mit einem guten Performance-Management kann so gewährleistet werden, dass die Veränderungen kein einmaliges Ereignis waren, sondern stetig anspruchsvollere Ziele formuliert und auch erreicht werden.

Maßgeschneiderten Zeitplan entwickeln. Es gibt keinen allgemeingültigen Zeitplan für die oben beschriebenen Aktivitäten einer Transformation. Für die Analyse und die Entwicklung des Veränderungsprogramms genügen meist drei Monate. Die Dauer der Umsetzungsphase hängt dann jedoch stark vom inhaltlichen Umfang der Transformationsinitiativen ab: Insbesondere bei Projekten wie der Einführung komplexer IT-Systeme in mehreren Ländern kann die Umsetzung langwierig sein. Innerhalb von 24 bis 36 Monaten kann jedoch meist ein Großteil der Veränderungen abgeschlossen sein und die Supply-Chain-Leistung deutlich gesteigert werden.

Führung und Training nicht vergessen. Die Themen Führung und Training sind in allen Phasen des Transformationsprogramms akut, denn die meisten Maßnahmen sind ohne einen begleitenden Aufbau von Fähigkeiten in der Belegschaft und/oder ein Überdenken der Rolle der Führungsmannschaft nicht zu bewerkstelligen. Mit welchen Maßnahmen die Mitarbeiter in das Veränderungsprogramm eingebunden werden können und wie die Geschäftsleitung es schafft, wirklich an einem Strang zu ziehen, können Sie im Detail in den Kapiteln 6 und 7 nachlesen.

8.2   Den ersten Schritt wagen

Sie haben sich durch die Lektüre dieses Buchs schon eine Weile mit den Erfolgsfaktoren der Champions beschäftigt, haben von Hindernissen und positiven Wendungen bei den Beispielunternehmen erfahren und darüber nachgedacht. Nun ist es an der Zeit, den Gedanken die ersten Taten folgen zu lassen.

Beginnen Sie den kommenden Montagmorgen doch einmal ganz anders als sonst und führen Sie die folgende Mini-Diagnose anhand der ersten Kapitel dieses Buchs für Ihr eigenes Unternehmen durch:

1. Wie gut ist unsere Supply-Chain? Die Transformations-Champions haben ihre Supply-Chain-Leistung doppelt so stark gesteigert wie der Durchschnitt. Wo standen Sie vor vier Jahren in Bezug auf Servicelevel, Bestand und Kosten? Und heute? Suchen Sie sich doch einmal die Leistungskennzahlen heraus und beurteilen Sie Ihren Fortschritt. Wenn sich die Kennzahlen nur mäßig verbessert haben, besteht Handlungsbedarf. Sie haben sich in den vergangenen vier Jahren deutlich verbessert? Herzlichen Glückwunsch! Vielleicht gehören Sie ja schon zu den Champions. Doch denken Sie daran: Wer heute ein Champion ist, kann schon morgen von anderen überholt werden. Ruhen Sie sich nicht auf den bisherigen Erfolgen aus, sondern versuchen Sie, die Latte noch ein bisschen höher zu legen.

2. Sind wir unzufrieden genug? Die Transformations-Champions werden von einer großen Unzufriedenheit mit ihrer Supply-Chain-Leistung getrieben, unabhängig von der tatsächlichen Leistung. Wissen Sie, wie ambitioniert Ihr Team über die Supply-Chain von morgen nachdenkt? Machen Sie den Test: Fragen Sie einige Ihrer Mitarbeiter nach ihrer Einschätzung der gegenwärtigen Supply-Chain-Leistung und ihrem persönlichen Anspruchsniveau für die nächsten drei bis fünf Jahre. Bitten Sie Ihr Team, die Vision in einem Satz zusammenzufassen: »Im Jahr 201x ist unsere Supply-Chain …«. Wenn die Visionen keine radikalen Veränderungen beinhalten, werden auch keine Veränderungen stattfinden.

3. Wie schnell sind wir? In Kapitel 3 haben Sie gesehen: Die Transformations-Champions verwenden deutlich weniger Zeit auf die Planungsphase als die Verfolger und starten schnell in die Umsetzung. Dabei ist auch Experimentieren erlaubt und notwendig – und gelegentliche Fehler sind keine Schande, sondern eine wichtige Lernerfahrung. Wie viele Projekte planen Ihre Mitarbeiter? Und wie viele planen sie schon seit mehr als drei Monaten, ohne dass bisher konkrete Maßnahmen dabei herausgekommen wären? Wenn diese Projekte überwiegen, haben Sie ein Problem – und den ersten Ansatzpunkt für Ihr Verbesserungsprogramm.

Starten Sie – jetzt! Wir hoffen, wir konnten Ihr Interesse wecken und Ihnen Mut machen, sich auf die Transformation einzulassen. Falls Sie noch Zweifel oder das Ziel noch nicht klar genug vor Augen haben – das sollte Sie nicht beunruhigen, beides ist ganz normal. Der Weg zum Champion ist kein leichter. Er erfordert konzentriertes Arbeiten über Jahre hinweg. Wir wünschen Ihnen dabei viel Erfolg und hoffen, dass Sie – spätestens in ein paar Jahren – zu den Champions gehören.

Glossar

Auslieferungs-Lead-Time: Zeitraum vom Eingang der Bestellung bis zur Auslieferung der bestellten Ware.

Bullwhip-Effekt: Beschreibt das Phänomen, dass die Variabilität der Nachfrage in Supply-Chains vom Endkunden über den Handel bis zu den Produzenten und ihren Zulieferern immer mehr zunimmt. Dies führt zu einer Reihe von Problemen in der Supply-Chain, insbesondere zu einer ungleichmäßigen Kapazitätsauslastung und zum »Aufschaukeln der Bestände«, das heißt, es werden immer höhere zwischenbetriebliche Lagerbestände aufgebaut, um die Nachfrage trotz der großen Schwankungen befriedigen zu können.

Crossdocking: Belieferung der Filialen von einem zentralen Umschlagpunkt des Händlers aus. Die Anlieferung der Ware durch den Hersteller ist mit der Abholung der Ware zu den Filialen synchronisiert, so dass die Ware am Umschlagpunkt nicht zwischengelagert werden muss.

EDI (Electronic Data Interchange): Von den Vereinten Nationen entwickelter Standard für den elektronischen automatisierten Austausch von Geschäftsdokumenten zwischen Unternehmen. Wird zur Vereinfachung der Abwicklung geschäftlicher Vorgänge und damit zur Prozessoptimierung eingesetzt.

Entkopplungspunkt (Decoupling Point, Push-/Pull-Boundary): In der logistischen Kette das letzte Lager, in dem Komponenten noch ohne Auftragsbezug bevorratet werden. Hier treffen zwei logistische Steuerkreise aufeinander: die kundenanonyme Vorratsproduktion meist in Serie gefertigter Standardkomponenten (Push) und die durch Kundenauftrag oder ein sonstiges Bedarfssignal ausgelöste Auftragsfertigung (siehe auch Pull-Prinzip).

EU25: Europäische Union (Belgien, Frankreich, Deutschland, Griechenland, Italien, Luxemburg, Niederlande, Dänemark, Irland, Vereinigtes Königreich, Portugal, Spanien, Finnland, Österreich, Schweden) nach Erweiterung um zehn neue Mitgliedstaaten per 1. Mai 2004: Estland, Lettland, Litauen, Malta, Polen, Slowakei, Slowenien, Tschechische Republik, Ungarn, Zypern.

First Ship Fill Rate: Anteil der Einheiten, die mit der ersten Lieferung tatsächlich beim Besteller ankommen (in Relation zu den ursprünglich bestellten).

Frozen Zone: Zeitraum vor Produktionsbeginn, in dem die Produktionspläne nicht mehr geändert werden.

Konsignationslager: Warenlager eines Lieferanten oder Dienstleisters, das dem Kunden (Abnehmer) gehört. Die Ware geht in den Besitz des Kunden über, sobald sie aus dem Lager entnommen wird. Mit der Entnahme findet eine »Lieferung« als Grundlage der Rechnungsstellung statt. Vorteile sind der niedrigere Abwicklungsaufwand, eine geringere Kapitalbindung und – da die Ware bereits qualitätsgeprüft in der gewünschten Anzahl vor Ort vorhanden ist – eine erhöhte Versorgungssicherheit.

OEE (Overall Equipment Effectiveness): Gesamtanlageneffektivität; wird je nach Definition als Produkt der Faktoren Nutzungsgrad, Leistungsgrad und Qualitätsrate oder als Quotient aus tatsächlicher zu maximal möglicher Auslastung errechnet. Die OOE legt vor allem die Verluste offen, die an einer Anlage entstehen und die sich auf die Produktion auswirken.

Order-Cycle-Time: siehe Auslieferungs-Lead-Time.

OSA (On-Shelf Availability): Kennzahl, die den Anteil im Regal verfügbarer Artikel in Prozent aller gelisteten Artikel angibt.

OTIF (On Time In Full): Kennzahl, die den Anteil der nach Menge, Zeit und Qualität korrekt erfüllten Auftragspositionen in Prozent aller Auftragspositionen angibt.

Pick/Pick-Kosten: Kommissionieren beziehungsweise Kommissionierleistungskosten – Kosten, die bei der Zusammenstellung der Waren aus dem Lager, also der Kommissionierung, entstehen.

Pull-Prinzip: Begriff aus der Fertigung: Produktion eines Produkts oder Vorprodukts, erst nachdem die letzte Einheit entnommen wurde; es wird also nur nachproduziert, was tatsächlich von der vorgelagerten Stufe oder dem Kunden verbraucht wurde; Gegensatz: Push-Prinzip, bei dem Produkte auf Basis von Prognosen auf Lager produziert werden, unabhängig vom tatsächlichen Verbrauch.

SKU (Stock Keeping Unit): Artikel beziehungsweise Lagerposition.

SMI (Supplier Managed Inventory): siehe VMI (Vendor Managed Inventory).

U-Zelle: Produktionseinheit, in der der Materialfluss in Form eines »U« angeordnet ist.

VMI (Vendor Managed Inventory): Vorgehensweise, die die traditionell getrennte, zweistufige Disposition von Lieferant und Kunde zusammenfasst. Der Lieferant übernimmt zusätzlich zum eigenen Lager die Verantwortung für den Bestand im Kundenlager. Dazu stellt der Kunde regelmäßig Nachfrage- und Bestandsdaten zur Verfügung.

Literatur

P. Allan: Designing and Implementing an Effective Performance Appraisal System; in: *Review of Business*, Vol. 16, Nr. 2 (Winter 1994), S. 3–9.

D. G. Ancona et al.: Time – A New Research Lens; in: *Academy of Management Review*, Vol. 26, Nr. 4 (2001), S. 645–663.

L. M. Applegate, L. A. Schlesinger, D. Votroubek: *PepsiCo – A View from the Corporate Office*; Harvard Business School Case Study; Cambridge/Mass., 1994.

K. Bosch: *Statistik-Taschenbuch*; München, Wien: Oldenbourg Verlag, 1998.

D. Corsten, T. Gruen: Stock-Outs Cause Walkouts. *Harvard Business Review*, Vol. 79, Nr. 5 (Mai 2004), S. 26–28.

L. A. Daloz: *Mentor – Guiding the Journey of Adult Learners*; San Francisco: Jossey-Bass, 1999.

P. A. Dover: Change Agents at Work – Lessons from Siemens Nixdorf; *Journal of Change Management*, Vol. 3, Nr. 3 (2003), S. 243–257.

M. Duffy: How Gillette Cleaned Up Its Supply Chain; in: *Supply Chain Management Review*, Vol. 8, Nr. 3 (April 2004), S. 20–27.

C. Ehlert, T. Keller: *Renaissance im Werk Offenburg*; Seminararbeit am Seminar für Supply Chain Management & Management Science, Universität zu Köln, 2006.

M. Gladwell: *The Tipping Point – How Little Things Can Make a Big Difference*; Boston: Little, Brown, 2001.

R. S. Kaplan, D. P. Norton: The Office of Strategy Management; in: *Harvard Business Review*, Vol. 83, Nr. 10 (Oktober 2005), S. 72–80.

R. Kegan: *The Evolving Self – Problem and Process in Human Development*; Cambridge/Mass.: Harvard University Press, 1982.

J. Kiebler: *Supply Chain Glitches*; Seminararbeit am Seminar für Supply Chain Management & Management Science, Universität zu Köln, 2006.

M. Knowles: *The Adult Learner*; Houston: Gulf, 1984.

D. Kolb: *Experimental Learning*; New Jersey: Prentice Hall, 1984.

J. A. Kurtzman: CEO Pay and Perks – Money Speaks Louder Than Words; in: *Harvard Business Review*, Vol. 71, Nr. 2 (März/April 1993), S. 9–10.

J. Lave, E. Wenger: *Situated Learning – Legitimate Peripheral Participation*; New York: Cambridge University Press, 1991.

J. Mezirow: *Transformative Dimensions of Adult Learning*; San Francisco: Jossey-Bass, 1991.

Mineralölwirtschaftsverband e.V. (Hg.): *Jahresbericht Mineralöl-Zahlen 2005*; Hamburg, 2005.

J. Pfeffer, R. I. Sutton: *The Knowing-Doing Gap*; Boston: Harvard Business School Press, 1999.

J. Pfeffer, R. I. Sutton: Evidence-Based Management; in: *Harvard Business Review*, Vol. 81, Nr. 1 (Januar 2006), S. 63–74.

L. Richartz, K. Rieger: *Supply-Chain-Transformation bei SIG Combibloc*; Seminararbeit am Seminar für Supply Chain Management & Management Science, Universität zu Köln, 2006.

S. Rommerskirchen et al.: *Wegekostenrechnung für das Bundesfernstraßennetz unter Berücksichtigung der Vorbereitung einer streckenbezogenen Autobahnbenutzungsgebühr;* Schlussbericht FE-Nr. 96.693/2001 (im Auftrag des Bundesministeriums für Verkehr, Bau- und Wohnungswesen); hg. von Prognos AG/Institut für Wirtschaftspolitik und Wirtschaftsforschung (IWW) der Universität Karlsruhe (TH); Basel, Karlsruhe, März 2002.

D. Schön: *The Reflective Practitioner*; New York: Basic Books, 1983.

G. Shaw, R. Brown, P. Bromiley: Strategic Stories – How 3M is Rewriting Business Planning; in: *Harvard Business Review*, Vol. 76, Nr. 3 (Mai/Juni 1998), S. 41–50.

R. E. Slone: Leading a Supply Chain Turnaround; in: *Harvard Business Review*, Vol. 79, Nr. 10 (Oktober 2004), S. 114–121.

K. Steinmeyer, É. Bagó: *Wie mit Kaizen bei der Deutschen Woolworth Geschichte geschrieben wurde*; Seminararbeit am Seminar für Supply-Chain-Management & Management Science, Universität zu Köln, 2006.

K. Thier: *Storytelling. Eine narrative Managementmethode*; Berlin: Springer Verlag, 2005.

U. Thonemann et al.: *Supply Chain Champions – Was sie tun und wie Sie einer werden*; Gabler: Wiesbaden, 2003.

U. Thonemann et al.: *Supply Chain Excellence im Handel – Trends, Erfolgsfaktoren und Best-Practice-Beispiele*; Gabler: Wiesbaden, 2005.

H. M. Trautner: *Lehrbuch der Entwicklungspsychologie*; Göttingen: Hogrefe, 1992.

H. M. Trautner: *Lehrbuch der Entwicklungspsychologie*; Göttingen: Hogrefe, 1997.

J. Whitmore: *Coaching for Performance – Growing People, Performance and Purpose (People Skills for Professionals)*; London: Nicholas Brealey Publishing, 2002.

Register

Autoreninformation

Prof. Dr. Ulrich Thonemann ist Professor für Betriebswirtschaftslehre und Direktor des Seminars für Supply Chain Management & Management Science an der Universität zu Köln. Zuvor war er Universitätsprofessor für Produktionsmanagement und Logistik an der Universität Münster und Direktor des dortigen Instituts für Supply Chain Management. Seine akademische Laufbahn begann er als Professor für Operations-Management an der Stanford University. Prof. Thonemann hat im Bereich Operations-Management im Kölner Büro von McKinsey & Company gearbeitet und berät Unternehmen in operativen und strategischen Fragen des Supply-Chain-Managements.

Dr. Klaus Behrenbeck ist Director im Kölner Büro von McKinsey & Company und Leiter des europäischen Handelssektors von McKinsey. Seit 1991 berät er Konsumgüterhersteller und Händler in Europa und den USA. Dabei beschäftigt er sich vornehmlich mit strategischen, organisatorischen und operativen Fragen. Dr. Behrenbeck hat Betriebswirtschaftslehre an der Universität in Münster studiert und promovierte an der Universität Bamberg.

Andreas Brinkhoff promoviert an der Universität zu Köln am Lehrstuhl von Professor Thonemann. Er hat in Karlsruhe und Amherst Wirtschaftsingenieurwesen studiert und Forschungsaufenthalte an der National University of Singapore und an der Stanford University durchgeführt. Im Rahmen seiner Lehrstuhltätigkeit beriet er Unternehmen bei Supply-Chain-Transformationen und führte empirische Studien zur operativen Umsetzung von Supply-Chain-Konzepten durch. Während seines Studiums und der Promotionszeit war er Stipendiat der Stiftung der Deutschen Wirtschaft.

Dr. Jochen Großpietsch ist Junior Partner im spanischen Büro von McKinsey & Company. Als Mitglied der Leadership Group der europäischen Supply Chain und Operations Practice berät er überwiegend Konsumgüterunternehmen und Händler. Seine Projektarbeit umfasst operative Verbesserungsprojekte genauso wie strategisch geprägte Diagnoseansätze und das Design von Transformationsprogrammen. Dr. Großpietsch hat am Institut für Supply Chain Management an der Universität Münster promoviert.

Dr. Jörn Küpper ist Partner bei McKinsey & Company und Office Manager des Kölner Büros. Als Co-Leader des europäischen Konsumgütersektors berät er vor allem Konsumgüterunternehmen in Deutschland und anderen europäischen Ländern. Neben allgemeinen strategischen und vertriebsbezogenen Fragen liegen seine Schwerpunkte insbesondere in den Bereichen Operations-Strategy und Supply-Chain-Management. Dr. Küpper hat ein Diplom in Betriebswirtschaftslehre an der Universität des Saarlandes erworben und promovierte an der Universität Hannover.

Ulf Merschmann ist Berater im Düsseldorfer Büro von McKinsey & Company. Er berät europäische Unternehmen der Automobil- und Grundstoffindustrie in operativen und strategischen Fragen, insbesondere bei Transformationsprogrammen. Im Rahmen seiner Promotion am Seminar für Supply Chain Management & Management Science der Universität zu Köln führte er Interviews mit über 50 der teilnehmenden Hersteller und Händler und legte damit die empirische Basis für dieses Buch. Ulf Merschmann hat zuvor Wirtschaftsingenieurwesen in Karlsruhe studiert.

Die Autoren wurden unterstützt von **Markus Leopoldseder**. Er ist Practice Manager der European Supply Chain Management Practice von McKinsey & Company und Mitglied der Leadership Group der europäischen Operations Practice der Unternehmensberatung. Bislang konnte er schon in mehr als 300 Supply-Chain-Management-Projekten einschlägige Erfahrungen quer durch alle Branchen sammeln – mit Schwerpunkten in der Konsumgüter-, Prozess- und Hightech-Industrie. Markus Leopoldseder hat ein Studium der Elektrotechnik an der Technischen Universität Wien absolviert und war vor seinem Eintritt bei McKinsey in verschiedenen Marketing-, Projektleitungs- und Unternehmensberatungsfunktionen bei IBM tätig.